신비의
　　사기꾼들

DEVENEZ SORCIERS, DEVENEZ SAVANTS

by Georges Charpak & Henri Broch

1판 1쇄 펴냄 2002년 11월 20일 | 1판 6쇄 펴냄 2008년 2월 29일
지은이 · 조르주 샤르파크, 앙리 브로크 | 옮긴이 · 임호경 | 펴낸이 · 이갑수 | 펴낸곳 · 궁리출판
편집주간 · 김현숙 | 편집 · 변효현 | 디자인 · 이현정, 전미혜 | 영업 · 백국현, 도진호 | 관리 · 김옥연

출판등록 1999. 3. 29. 제300-2004-162호 | 110-043 서울시 종로구 통인동 31-4 우남빌딩 2층 |
대표전화 734-6591~3 | 팩시밀리 734-6554 | E-mail : kungree@chollian.net |
한국어판 ⓒ 궁리출판, 2002. Printed in Seoul, Korea.

ISBN 978-89-88804-80-3   03400
값 9,800원

노벨상 수상자의 눈으로 본 사이비 과학

신비의
사기꾼들

조르주 샤르파크 · 앙리 브로크 지음

임호경 옮김

궁리
KungRee

1_ 마법사와 과학자

2_ 신비술에 입문하는 첫 단계

3_ 기이한 우연의 일치

4_ 셜록 홈즈식 수사

5_ 꿈꿀 권리, 깨어 있을 의무

결론_ 세 번째 밀레니엄의 시작

1_ 마법사와 과학자

이 세상에 무한한 것이 두 가지 있으니, 하나는 우주요,
다른 하나는 인간의 어리석음이다.
하지만 나는 우주에 대해서는 꼭 그렇다고 확신하지 못하겠다.

— 알베르트 아인슈타인

과학의 선구자는 마법사?

우리가 마법사들을 무시한다고? 당치 않은 소리!

우리 모두는 태어날 때부터 운명의 신이 점지한 이 놀라운 세계에서, 매혹과 경이, 공포를 동시에 불러일으키는 마법에 걸려 있다고 할 수 있다. 그리고 우리는 갖가지 신앙, 종교, 철학, 그리고 과학을 통해 이 마법을 풀어나가고, 그것으로부터 우리를 방어하는 법을 배워나간다.

요컨대 고대의 마법사들은 연금술사, 점성술사, 그리고 모든 신비의 탐구자 들과 마찬가지로 과학의 선구자 격이라 할 수 있다. 이들은 현대의 과학자들이 그러하듯이 우주에 대한 일관성 있는 비전

을 설정한다는 야심하에, 부단히 미지의 영역을 탐색하면서 우리가 살고 있는 이 세계를 발견하고, 또 그 의미를 밝혀냈기 때문이다. 그들은 결코 고립된 은자들이 아니었다. 그들은 더욱 거대한 야심, 즉 운명에 맞서 인간 존재의 가장 깊숙한 비밀들을 파헤치겠다는 야심을 가졌던 대사제들과 연결되어 있었다. 대사제들과, 이를테면 이들의 하청업자라고 할 수 있는 이 마술사들의 관계는 어떤 것이었던가? 그것은 현대 물리학의 이론가들과, 원자까지 볼 수 있을 만큼 성능이 좋아진 현미경, 비록 순간에 불과하지만 빅뱅 당시의 물질의 상태를 재구성해낼 수 있는 거대한 입자가속기, 그리고 우주의 저편에서 150억 년 전에 투사된 빛의 입자들을 포착할 수 있는 천체망원경 들을 갖추고 물질의 비밀을 밝혀낸다는 목표에 강박적으로 매달려 있는 실험실의 과학자들 사이의 관계와 같다고 할 수 있다.

한편, 과학이 개화할 때, 또는 주기적으로 과학이 탄압받을 때 종교가 담당한 역할은 엄청난 것이었다. 여러 종교들은 그들의 교리를 문제삼을 소지가 있는 것들을 무자비하게 짓밟으면서, 과학의 발전에 종종 제동을 걸어왔다. 코페르니쿠스를 위시한 천문학자들이 우주의 중심이 지구가 아니란 것을 밝혀낸 이후, 교회는 끊임없이 이들을 저속한 이단으로 몰며 탄압해왔다. 그리하여 부르노는 화형대에 올라야 했고, 갈릴레이는 함구를 종용당했으며, 데카르트는 망명을 떠날 수밖에 없었다. 교회와 과학간의 관계가 변하는 데에는 여러 세기에 걸친 엄청난 정치적, 사회적 변혁이 필요했다. 오늘날도 마찬가지이긴 하지만, 몽매주의자(蒙昧主義者)들과 계몽주의자들 사이에는 항상 공존 혹은 갈등의 관계가 존재해왔다. 그런데 결국 정치적 투쟁에서 승리한 쪽은 몽매주의자들이었다. 그럴 수밖에 없던 것이, 아직까지는 과학자들의 힘이 미약했기 때문이다.

인간의 영혼은 회개할 수 있다

최근 가톨릭 교회는 공식적으로 과거를 회개하며 갈릴레이를 복권시켰는데, 이는 우리의 일상에서 과학이 차지하게 된 엄청난 위치를 다시 한번 확인시켜준 사건이라 할 수 있다. 그러나 모든 종파들이 가톨릭 교회처럼 개방적인 태도를 보여주고 있는 것은 아니다. 어떤 종교에서건 경직된 원리주의 집단들을 쉽게 찾아볼 수 있다. 고집스러울 만치 교리에 집착하는 이 원리주의자들의 눈에, 과학이란 진리의 외관을 뒤집어쓴 악마에 불과하다.

물론 지난 19세기에는 정말이지 '과학의 르네상스'라 부를 만한 것이 꽃피었다. 그것은 과학의 전능함에 대한 믿음, 인간을 불안하게 만드는 그 어떤 의문도 언젠가는 과학이 모두 속시원하게 대답해줄 수 있으리라는 순진한 믿음이었다. 바로 이 믿음이야말로 지난 세기, 산업혁명 이후 많은 결점을 드러낸 사회를 근본적으로 개혁하고자 꿈꾸었던 이들이 가졌던 힘이었다. 이 믿음은 특히 마르크스적 혁명 운동의 창시자들을 움직인 동력이었다. 인간의 역사라는 긴 시간에서 보면, 한때 스스로 가장 진보적이라고 믿었던 이들을 사로잡은 이 몽매주의의 출현은 별것 아닌 것으로 보일 수도 있다. 하지만 이것은 우리 인류가, 교육을 아무리 잘 받았다 할지라도, 사이비 신앙에 얼마나 쉽게 휩쓸려 갈 수 있는지 여실히 보여준다.

소련이 붕괴되고 난 후, 대다수의 정치 지도자들, 그리고 갖가지 이유로 사회주의 이상사회 건설이라는 꿈을 위한 인류의 모험에 뛰어들었던 사람들은 과학에 정치가 개입할 때, 교회가 그러는 것과 별로 다를 바 없는 결과를 낳는다는 사실을 분명히 깨닫게 되었다.

그러나 이러한 일은 여전히 끝나지 않고 있다. 예를 들어 사이언톨로지 교단 같은 강력한 신흥 종교는 그 교주가 저술한 소위 과학적이라는 글들을 숭배하고 있는데, 그 내용이 너무나 터무니없다. 차라리 그것이 열 살배기 아이가 쓴 것이라면 귀엽기라도 할 텐데 말이다. 그 글들은 대부분 엉성한 과학 서적에서 베껴온 것인데, 그나마도 잘못된 인용으로 가득하다. 교주가 쓴 어떤 책에서 발췌한 다음의 글을 한번 읽어보자.

의문부호

이 모든 것은 우리에게 거대한 의문부호를 던져주고 있습니다. 이 세계에 방사선이 떠다니느냐 아니냐의 문제는 큰 문제가 아닙니다. 이 세계에 떠다니고 있는 것은 일종의 물음표인 것입니다. 그것이 존재합니까, 아니면 존재하지 않습니까? 이 물음표야말로 방사선 그 자체라고 할 수 있습니다.

방사선이 인체에 미치는 영향

이 방사선들은 인체에 얼마만큼 해로울까요? 그건 아무도 모릅니다. 그러나 대체적으로 다음과 같이 말할 수 있을 것입니다. 5미터 두께의 벽은 감마선을 차단하지 못합니다. 그러나 인체는 감마선을 차단할 수 있습니다. 이러한 사실은 우리로 하여금 다음과 같은 중대한 의학적 질문을 제기하게 만듭니다. 어떻게 감마선은 벽은 통과하면서 인체는 통과하지 못하는가? 겉보기에 인체는 벽보다 밀도가 높지 않아 보이는데 말입니다. 이 질문에 대한 대답을 물질의 영역에서는 찾을 수 없습니다. 따라서 우리는 정신의 영역으로 들어가야만 하는 것입니다.

최소한의 교양을 갖춘 사람들이 어떻게 이런 어리석은 말에 현혹될 수 있는지 알다가도 모를 일이다.

생명을 위협하는 과학

현대 과학의 혜택을 단단히 누려온 사회들은 그렇지 못한 사회들에 비해 엄청난 우월성을 확보했다. 이 같은 상황은 사람들로 하여금 과학에 대하여 한 편으로는 숭배의 감정을, 다른 한 편으로는 적대감으로까지 이어지는 공포감을 갖게 했다. 그리고 이 공포감을 더욱 부추기고 있는 것은 과학 발전의 파국적인 부작용을 경계하는 다음과 같은 종말론적 전망이다(그런데 불행한 사실은 이런 종말론적 전망이 종종 실현되고 있다는 것이다).

과거에는 1만 년 이상의 시간이 걸렸던 기상 변화가 요즘에 와서는 불과 1세기라는 짧은 시간에 일어나는 현상을 어떻게 설명할 것인가?

지구상의 모든 생명을 일순간에 절멸시킬 수도 있는 가공할 무기들이, 그것에 대한 안전장치라고는 과거에 이미 그 무력함을 드러낸 정치적 수단들밖에 없음에도 불구하고, 어떻게 세계 도처에 배치될 수 있단 말인가?

가까운 미래에 수십 억 명의 인구가 거대한 빈곤의 굴레 속에 갇힐 거라는 인구학자들의 경고에도 불구하고 어떻게 서구인들은 산업문명이 제공하는 소비문화의 쾌락을 마음껏 즐길 수 있는가?

그런데 과학이 초래하는 이러한 부정적 결과에 대한 문제 제기와 인간이 과연 그 결과를 제어할 수 있느냐에 대한 의혹이 바로 지금, 이 시대에 일어나고 있는 것은 결코 우연이 아니다. 인류에게 이런 반성이 나오는 데에는 그만한 이유가 있다. 과학이 초래할 수 있는 불행한 결과들을 미연에 방지할 이 반성은, 과학의 발전을 이용하는 전략에 대하여 지금까지 서로 다른 입장을 취해왔던 인류가, 지구라는 행성 위에서 서로 다시 연대하고 있는 바로 그 시점에 일어나고 있는 것이다. 이러한 연대로 우리가 되찾게 될 것은 무엇인가? 그것은 우리가 조상으로부터 물려받은 현명한 생존 본능이 아닐까? 우리의 본능은 대부분 우리의 유전자로부터 전해지는데, 이 유산은 40-50억 년 전부터 약 20억 년에 걸쳐 일어난 생명체의 장구한 진화 과정 중, 지금으로부터 수만 년 전의 혈거, 즉 동굴 거주

시대에 이르러 최고조에 달한 바 있다.

만일 우리 은하계에 지난 2세기 동안 인간들의 행동을 지속적으로 관찰해온 외계인이 존재한다면, 그들은 인간이 석탄, 석유, 천연가스 등 화석연료들을 그처럼 헤프게 소모하는 것을 보고 경악할 것이다. 만들어지는 데에 수천만 년의 세월이 필요한 그 귀중한 화석연료들을 말이다.

앞으로 태어날 우리 후손은 분명 우리가 소모한 에너지에 대한 자신들의 몫을 요구하고 나설 것이다. 뿐만 아니라, 천연자원의 무절제한 사용으로 인한 기상 변화들은 갖가지 재앙을 초래할 것이고, 이로 인하여 인류는 불행과 고통 속에서 신음하게 될 것이다.

지금 아시아, 아프리카, 아메리카 등 산업혁명에서 뒤쳐진 나라의 국민들이 절망 속에서 신음하는 것을 보면, 연대의식을 국제관계에 있어 우선하지 않는 한, 인류의 미래는 뻔해 보인다. 현재 미국은 지구 온난화 현상의 주범인 가스 배출에 대한 지구 차원의 규제 움직임에 아주 비협조적인데, 이러한 모습은 오늘날 횡행하고 있는 눈먼 이기주의의 전형이 아닐 수 없다. 이런 상황을 탈피하기 위하여, 우리는 오늘날 정말로 중요한 문제가 무엇인가를 명확히 인식해야 한다. 그런데 역설적인 것은 과학의 폐해를 방지하는 도구 역시 과학뿐이라는 사실이다.

지금 우리 시대의 과학 수준은, 몇몇 테러 집단들마저 저비용으로 최신 무기들을 소유하게끔 만들었다. 이러한 상황에서 만일 선진국이 후진국에게 갖는 연대의식의 수준이, 노예와 식민지가 넘쳐나던 과거와 같은 수준에 머무른다면 결국 엄청난 비극을 맞게 될 것이다.

우리가 여기서 타인에 대한 동정심, 연대의식 같은 도덕적 가치들에 대하여 말하는 까닭은, 인간정신의 위대함은 단지 과학적 활동을 통해서만 표현되는 것은 아니기 때문이다. 예술, 철학, 그 외 모든 인문학 역시 인간으로 하여금 동물의 단계를 훌쩍 뛰어넘도록 만든다. 하지만 대부분의 작가, 시인, 혹은 정치가들이 과학의 영역에 있어서만큼은, 원시림 속 미개 부족의 추장이나, 광신적 종파의 교주만큼이나 무지하다는 사실을 도대체 어떻게 설명해야 하는가?

우리는 오래 전부터 미국의 몇몇 일류 대학에서 원로 과학자들이 진행하는 이른바 '시인(詩人)들을 위한 과학' 같은 강좌를 부러워해왔다. 만약 정부의 고위 공무원이 행정적인 일 이외의 다른 영역에서도 업적을 남기려면, 바로 이런 일들을 시작해야 할 것이다.

우리는 감히 세계의 흐름을 뒤집겠다고 주장하지 않는다. 우리는 다만 우리가 일상 생활에서 접할 수 있는 몇 가지 평범한 마법적 체험들에 대해 간략히 설명해줌으로써, 이 시대의 일부 마법사들이 어떻게 우리 선량한 이웃들을 미혹하고 있는지를 보여주고 싶을 뿐이다. 이 현대의 마법사들은 사회적 명성을 얻어 '잘 나가고' 있는 경우가 태반이며, 심지어는 거창한 학위까지 소지하고 있기도 하다. 우리는 비록 그것이 과학에 바탕을 둔 것이라 할지라도, 하나의 사고만을 강요하는 독선을 경계하고 혐오한다. 우리는 단지 제대로 된 의심과 회의주의와 호기심을 위하여 싸울 뿐이다.

물론 우리는 입을 딱 벌어지게 하는 마술로 우리와 우리 아이들을 즐겁게 해주는 진정한 마술사들, 예술가로서의 마술사들에 대해서는 최상의 경의를 잃지 않을 것이다.

변한 것은 없다

그림 1-1은 달에서 촬영한 지구의 모습이다. 이 사진은 지금 인류의 과학 기술이 도달한 경지가 어느 정도인가를 잘 보여준다. 수많은 위성, 우주정거장, 그리고 수십 년 동안 우주 공간을 항해하는 탐사선 들 덕분에 다양한 관측 결과들이 수집되고 있으며, 이로 인

그림 1-1

Photo NASA, Appolo XI

해 그동안 깊은 신비 속에 묻혀 있던 새로운 현상들이 속속 밝혀지고 있다. 이들은 인간의 지각 능력으로는 직접 포착하기 힘든 시간과 거리의 우주적 질서를 설명하는 가설들, 예를 들어 '빅뱅 이론'처럼 인간의 창의성을 잘 표현해주는 여러 가설들을 증명하고 보다 세밀하게 다듬는 데 기여하고 있다.

이 지구상에 생명이 출현할 수 있었던 것은 다음과 같은 드문 조건들이 기적적으로 일치했기 때문이다. 첫째는 죽은 별들의 먼지가 뭉쳐진 이후 지금으로부터 약 30억 년 전에 형성된, 생명에 적합한 대기층의 존재이다. 둘째는 온화한 기온이다. 이것을 가능하게 한 열(熱)은, 일부는 지구 중심에 위치한 직경 약 7천 킬로미터에 달하는 용해 상태의 금속구(金屬球)로부터, 그리고 나머지 대부분은 우주 대폭발 때 생긴 방사성 먼지들로부터 왔다. 마지막으로 세 번째는 생명에 필요한 에너지의 대부분을 공급해주는 태양 광선이라 할 수 있다.

태양 주위를 도는 행성 중 그 어떤 것도 지구와 같은 특권을 누리고 있지 못하다. 그런데 문제는 세 번째 밀레니엄이 시작된 이때, 인간의 활동으로 말미암아 소모되는 열의 양이 지구의 내핵(內核)으로부터 우주 공간으로 방출되는 열의 양과 동일한 수준에 이르렀다는 것이다. 인간은 화석연료를 아무 대책 없이 소모하고 있으며, 이 화석연료는 몇 세기 안에 모두 고갈될 것이다. 새로운 밀레니엄의 첫 세기에 인류의 생존을 위협하고 있는 고온 현상 같은 기상 이변을 보면, 현재의 이런 상황이 얼마나 심각한지 이해할 수 있다.

이제 인류는 이러한 위험에 대처하기 위하여 모든 지혜를 동원해야 하며, 이를 위해 과학이 제공하는 여러 강력한 수단들을 잘 활용해야 한다.

앞에서 우리는 혈거 시대 인간들로부터 우리에게 전해 온 유산에 대하여 언급한 바 있다. 그러나 현대인들의 생활 방식은 완전히 변했으며, 빠른 속도로 진행되고 있는 세계화는 가장 후미진 곳에 사는 부족들조차 지구의 평균적인 소비 생활을 하도록 부추기고 있다. 하지만 그렇다고 해서 인류의 사고 방식에 어떤 깊은 변화가 있었을 거라 믿는다면 그것은 착각이다. 특히 예기치 못했던 사건들 앞에서 본능적인 대응을 해야 할 때, 우리는 현대인들이 혈거인들에 비해 큰 차이가 없다는 사실을 알게 된다. 과학적이고 기술적인 사고 방식을 갖지 못한 사람들이 보이는 반응은 혈거 시대 조상들이 보이던 반응과 더더군다나 별반 다르지 않다. 하긴, 우리에게 오늘날의 유산을 물려주어, 우리로 하여금 최상의 가치들을 길어낼 수 있게 해준 장본인들 역시 이 혈거 시대 조상들이긴 하지만……

수백만 년에 걸친 진화 기간 내내 계속된 험난한 투쟁, 그리고 생존의 난관을 극복하기 위해 무수한 방법들을 궁리해야만 했던 인류의 절박함은 스스로 생각해도 대견할 정도인 오늘의 문명을 낳았다. 하지만 지금 인류는 자신이 스스로 발전시킨 과학으로 인해 자멸할 위기에 직면해 있다.

새로운 사회적 행동 방식을 만들어내기 위해서 사회의 구성원들은 나름대로 과학적 사고를 지니고, 그것을 제어할 줄 알아야 한다. 그런데 어떤 사람들은 본능적인 반감으로 과거에 집착하면서 이를 방해한다. 이러한 경향은 우리가 이 책을 통해 그 신비를 벗겨낼 미신, 점성술, 초자연 현상, 교묘한 트릭 같은 다양한 형태들로 나타나고 있다.

그러나 여기서 분명히 밝힐 것은 이 책을 쓴 우리 두 저자는 스스로 어떤 절대적인 지혜를 지니고 있다고 생각하지 않으며, 또 다른 사람들이 (특히 영적인 영역에 있어서) 생의 중요한 선택을 하는 데 있어서 어떤 의견을 강요할 자격이 있다고도 생각하지 않는다는 것이다. 과학은 결코 인간 존재의 방식이나, 생의 궁극을 이해했다고 주장하지 않으며, 또 언젠가는 그것에 도달할 수 있다고도 주장하지 않는다. 오히려 우리는 스티그 다게르만의 약간은 절망적인 신앙 고백에 기대고 싶은 유혹마저 느낀다.[1]

나는 신앙이 없으며, 그러므로 행복할 수 없다. 자신의 생이 죽음을 향해 나아가는 한낱 방랑에 불과한 것일지 몰라 두려워하는 사람은 결코 행복할 수 없기 때문이다. 나는 신(神)도, 그리고 어떤 신의 주의를 끌 만한 지구상의 특정 지역도 유산으로 받지 못하였다. 또 나는 회의주의자의 가장된 분노, 마치 수족*의 그것과도 같은 합리주의자의 기지(機智), 혹은 무신론자의 그 격렬한 순진함도 물려받지 못하였다. 그러므로 나는, 나에겐 회의만을 일으키는 것들을 믿고 있는 사람에게도, 그리고 자신의 회의를 고이 키우고 있는 사람에게도 돌을 던질 수 없다. 그 돌은 결국 나에게 돌아올 것이다. 왜냐하면 나는 한 가지 사실만은 확실히 알고 있기 때문이다. 위로받고 싶은 인간의 욕망은 채울 길 없다는 바로 그 사실……

....
* 북미 인디언의 한 부족명 ─ 옮긴이

하지만 이 위로받고자 하는 욕망이 우리가 저잣거리에서 부딪히는 헛된 환상을 파는 장사꾼들의 호객 행위에 쉽사리 넘어가는 모습으로 나타난다면 그것은 불길하다.

인간은 누구나 보물을 하나씩 갖고 있는데, 그건 바로 우리에게 선택의 가능성을 주는 자유의지이다. 인간의 두뇌는 지금까지 만들어진 가장 강력한 컴퓨터보다 수십 억 배 더 복잡한 회로들로 이루어져 있다. 게다가 한 인간은 수십억의 타인들과 연결된 채, 무한한 가능성을 간직하고 있는 거대한 시간대를 향해 열려 있다.

그런데 이 무한한 가능성 속에 포함되어 있는 밝은 전망들이 우리 조상들 시대에나 어울렸을 미신, 더구나 지금은 현대 과학으로 말미암아 모종의 파괴적 힘까지 얻게 된 미신들로 인해 사장(死藏)되어버린다면 정말 어처구니없는 일이 아닐 수 없다. 그러므로 되도록 많은 사람들이 최소한의 과학적 소양을 갖추는 일은, 과거에 언어와 문자 그리고 화폐가 그랬던 것만큼이나 우리의 장래를 위해서 중요하다.

이 책의 집필 목적은, 인간이 자신의 창조적 자질로 창출해낸 변화에 적응하는 데 있어서, 사이비 과학을 극복하는 연습을 해볼 기회를 독자들에게 선사하는 것이다. 독자들은 이러한 연습을 통해 즐거움을 느끼는 동시에 다른 사람을 속이는 방법을 배움으로써 건강, 감정, 정치의 영역에서 자신들이 엄청난 지식을 가지고 있다며 현혹하려드는 사기꾼들의 번지르르한 말들을 제대로 판별할 수 있게 될 것이다.

자, 이제 학자와 같은 냉철한 정신을 유지하면서, 한번 마법사가 되어보시라!

넘쳐나는 방사능

지구는 별들이 연소되고 남은 재들이 뭉쳐져 탄생했다. 그런데 이 재들 가운데는 우라늄이나 칼륨 같은 몇몇 무거운 방사능도 포함되어 있었다. 이 중 칼륨은 모든 생명체의 성분이자 생명 유지에 필수불가결한 요소이다. 이것이 부족하면 갖가지 병에 걸리고 심하면 목숨을 잃기도 한다.

그런데 우리의 어머니인 대자연은 생명체의 필수불가결한 요소인 칼륨의 1/100 정도가 방사능을 띠고 있으며, 이로 인하여 나중에 어떤 환경주의자가 공포에 질리게 되리라는 사실을 미처 생각하지 못했나보다. 이 요소의 수명은 13억 년이기 때문에 그것의 방사성 활동은 지금까지도 계속되고 있으며, 오늘날엔 입자 탐지기 덕분에 쉽게 감지되고 있다. 이렇게 해서 성인 한 사람의 몸에서 매초 6천여 개의 칼륨이 분해되고 있다는 사실이 발견되었다. 이 분해되는 칼륨에서 나오는 것은 전자들과 에너지로 충만한 감마선인데, 이들은 같은 침대에 누워 있는 무고한 타인의 몸에 조사(照射)될 수 있다. 방사능을 연구하는 전문가들은 이 칼륨 때문에 우리 몸에 약 6천 베크렐*의 방사능이 존재하게 된다고 말한다. 물론

....
*방사성 물질의 양을 나타내는 단위 — 옮긴이

우리 몸이 칼륨으로부터만 방사선을 받는 것은 아니다. 땅과 하늘 같은 자연 환경 역시 우리에게 이보다 20배에 달하는 방사선을 방출하고 있다.

그런데 문제는, 천연 칼륨이 발하는 그것에 비해 10배 혹은 100배 약한 방사능에도, 요즘 탐지기는 요란스럽게 삑삑거리며 경보를 울린다는 사실이다. 게다가 이를 상업적 수단이나 권력을 위한 발판으로 이용하는 일부 집단들까지 존재한다. 얼마 전 우리는 크리라드CRIRAD라는 이름의 독립 실험실을 운영하며 방사능 오염 탐지 활동을 하는 기술자들이 시청률 높은 텔레비전 프로그램에 출연하여, 늑대같이 다가오고 있는 위험을 조심하라고 목청을 높이는 광경을 보았다. 그들은 유리섬유가 방사선을 방출한다고 발표하여 그것을 생산하는 '생-고뱅Saint-Gobain' 같은 회사의 주가를 곤두박질치게 만들었고, 프랑스 남부 지중해 연안의 어느 평온한 해수욕장을, 그곳 모래에 방사능이 있다며 고발하기도 했다! 물론 그들의 말이 전적으로 틀린 건 아니다. 하지만 이 해수욕장의 모래는 천연적으로 방사능을 띤 그곳 산간 지방의 바위들이 부식되어 해변에까지 떠내려온 것에 지나지 않는다.

한편 우리는 걸프전 당시 사용된 대전차 폭탄에 함유되었던 우라늄의 유해성을 분석하기 위해 수백만 프랑에 달하는 연구비를 쏟아 부었던 사실을 알고 있다. 하지만 이들의 방사능 위험은 거의 제로에 가깝다. 왜냐하면 이들의 방사능 강도는 우리가 풀밭 위에 엎드려 들판의 꽃에 코를 대고 냄새를 맡고 있을 때의 그것보다도 약하기 때문이다. 사실 풀밭 역시 지표면 전체와 많은 건물들에 포함된 우라늄이 분해될 때 발생하는 라돈이라는 천연 방사성 가스를 배출하고 있다. 이처럼 어떤 의도적인 선입견에 얽매여 있을 때, 사람들은 놀라울 정도로 현실을 왜곡시킨다.

물론 문명사회가 사용하고 있는 원자력을 비롯한 여러 에너지 자원들의 유해성에 대해 시민들이 불안해하는 것은 지극히 당연하고, 더 나아가 바람직하기까지 하다. 그러나 문제는 대중을 이끄는 지도자의 역할을 해야 할 사람들이 선한, 혹은 악한 의도를 가지고, 일반 시민들의 무지와 공포감을 이용해 그들로 하여금 파국을 가져올지도 모르는 중대한 결정을 내리도록 오도하고 있다는 사실이다. 일반적으로 그들의 동기는 돈에 관련된 것만은 아니다. 그들은 다른 대체자원들과 결부되어 있는 재벌 기업 등에 의해 매수된 것으로 보이지도 않는다. 그러나 어쨌든 그들은 사람들의 무지를 이용하여 그것을 강력한 정치적 수단으로 활용하고 있는 것이 사실이다.

앙리 베크렐, 그리고 퀴리 부부가 방사능을 발견한 지 100여 년이 지난 지금, 대부분의 일반 시민 심지어는 정규 교육을 받은 사람들조차 가이거 계수기* 같은 것을 한 번도 만져보지 못한 채 살아간다는 사실은 참으로 유감스럽다. 이는 마치 눈금자를 평생 한 번도 사용해보지 못한 것이나 마찬가지이다. 만일 그들이 이 측정기를 다룰 줄 알았다면, 이슬 한 방울 속에도 수십억 개의 수십억 배가 넘게 들어 있는 원자들이 분해되는 모습을 관찰할 수 있었을 것이다. 나아가 센 강의 물 한 방울 속에도 수십억 개의 수백만 배에 달

....

*방사선의 개개 입자를 세는 데 주로 사용되는 측정기. 가이거 - 뮐러 계수기라고도 한다. ─ 옮긴이

하는 비소(砒素) 원자가 포함되어 있으며, 그렇다고 해서 그 물을 마시지 못할 하등의 이유가 없다는 사실 역시 알 수 있었을 것이다.

그리하여 마침내 우리가 사는 세계를 이해하는 데 있어 본질적 요소인 '우연'의 비밀을 꿰뚫어볼 수 있게 되었을 것이다. 그런데 세간의 사기꾼들은 이 우연의 법칙이 갖는 미묘함을 악용하여 우리에게 터무니없는 환상을 불어넣고 있다. 우리는 이 책에서 그 사기꾼들의 정체를 밝혀낼 것이다.

무지의 바다를 건너가보자

이제부터 우리는 몽매주의의 암초들, 모든 미신 도해집(圖解集)에 수록되어 있으며, 어떤 이들에겐 숭배와 순례의 대상이 되기도 하는 이 암초들 사이를 항해할 것이다. 다만 이것들의 수는 너무나 많아서 이 책에서는 널리 알려진 다음의 몇몇 개에만 초점을 맞출 것이다.

- 일반인들은 잘 모르는 물리적 현상을 이용해, 자신이 특별한 능력을 지니고 있다고 주장하려면 어떤 방법을 사용해야 하는가(예를 들면 순진한 사람들의 호주머니 속에 든 열쇠 따위를 구부리는 일)?
- 어떻게 공중부양(空中浮揚)을 할 수 있는가?
- 어떻게 인류를 위협하고 있는 물 부족 사태를 눈가림할 수 있

는가?

- 어떻게 일급 전문가들만큼 정확한 예언 적중률을 가진 점성술사가 될 수 있는가?
- 어떻게 시간과 공간의 굴레를 뛰어넘는(그렇다고 정신병자는 되지 말고) 텔레파시 능력자가 될 수 있는가?

확률 계산이나 우연적 현상들에 대한 연구는 물론 우리에게 그다지 익숙한 일이 아니다. 하지만 우리가 이런 것에 대해 무지할 때, 이 분야에 정통한 전문가들, 예를 들면 의학, 물리학, 사회과학의 전문가들은 장난을 칠 수가 있다. 이러한 계산은 17세기에 파스칼과 호이겐스*의 최초의 연구가 나온 이후에야 — 매우 정교한 수학적 형태로 — 비로소 가능하게 된 것들이다. 우리는 어떻게 이런 분야에 대한 무지가 숱한 미신과 사기극의 원천이 될 수 있었는가를 보여줄 것이다. 아울러 이런 기본적인 교육은, 산수 교육과 마찬가지로 각급 수학 교육 프로그램에 있어서 큰 비중을 차지해야 한다는 걸 증명할 것이다.

---

* Christiaan Huygens, 17세기 네덜란드의 수학자, 물리학자, 천문학자. 확률 계산과 관련된 완전한 논문을 최초로 발표한 사람으로 알려져 있다. — 옮긴이

2_ 신비술에 입문하는 첫단계

당신은 지금 막 입문하셨습니다

당신은 티베트의 고승(高僧) 라마들에게 지도받지 않고도 당신의 잠재 능력을 보게 될 것이며, 자연 속에서 어떻게 행동해야 하는가를 배우게 될 것이다. 그리하여 당신은

- 처음 보는 사람들의 성격을 정확하게 묘사하고
- 오로지 당신의 의지만을 사용해 법열(法悅)의 황홀경을 체험하고
- 당신의 뇌파를 다른 사람의 그것에 맞추어 텔레파시를 보내고
- 공중에 떠오르고, 꼬챙이로 혀를 꿰뚫고, 심장에게 잠시 멈추라고 명령하고
- 시뻘겋게 달군 숯 위를 걸어가고

■ 오로지 정신 집중만으로 쇠붙이를 구부릴 수 있게 될 것이다.

진리는 애매함에서 온다

"별점이 나에게 실제로 일어난 일들을 예언했다는 사실이야말로, 점성술이 사기가 아니라 믿을 만한 것이라는 가장 확실한 증거이다."

우리는 이런 말을 얼마나 많이 들어왔던가! 얼마나 많은 사람들이 이런 유형의 개인적 체험을 점성술의 타당성에 대한 증거로 내세워왔던가!

그렇다! 우리는 이 문제에 대하여 명확히 결론을 내릴 필요가 있다. 호로스코프horoscope*는 들어맞을 수 있다. 실제로 그것은 잘 들어맞기도 한다. 그러나 호로스코프의 유효성이 반드시 점성술 자체의 타당성을 의미하는 것은 아니다.

많은 사람들이 점성술에 대해 확신을 갖고 있는데, 그것은 그들의 호로스코프가 잘 '들어맞기' 때문이다. 이들은 호로스코프의 예측, 그리고 자신들이 확인한 것, 이런 것들이 이 '별자리 과학'의 타당성에 대한 확실한 증거가 될 수 있다고 판단한다. 이런 식으로 그

---

* 점성술astrologie은 천체가 갖는 신비한 영향력에 대한 연구를 통해 사람의 성격, 운명 등을 알아내는 의사(擬似)과학 전반을 일컫는 명칭이다. 반면 호로스코프는 한 개인의 출생시 형성된 특정한 천체의 상태, 즉 점성술사의 예측 작업의 토대가 되는 천체의 구체적이고도 개별적인 윤곽을 주로 의미한다. 우리 식으로 말하면 '별자리 운세' 정도라고 볼 수 있다. ─옮긴이

들은 그들의 호로스코프가 자신에게 딱 들어맞고, 나아가서는 생의 행로, 즉 '운명'의 흐름에 적극적으로 개입하는 데 있어 견고한 기틀을 마련해준다는 확신을 갖게 된다.

호로스코프란 바로 이런 사람들에게 의미를 갖는다. 사실 호로스코프가 어떤 의미를 가질 수 있다면, 그것은 이러한 사람들 자신에 의해서이지par, 이들을 위한pour 것은 아니다. 하지만 개인적 체험과 충돌하는("당신은 호로스코프가 존재하지 않는다고 말할 수 없어요! 내가 직접 경험했단 말이에요!"), 즉 '위하여pour' 라는 간단한 전치사가 포함하고 있는 자아 중심적 생각을 사람들에게 납득시키기란 매우 힘들다.

호로스코프를 읽고 있는 사람은 지금 자신이 대하고 있는 것이 오직 자신만의 호로스코프이고, 이는 운명에 의해 자신에게 예정된 것이며, 자신만을 위해 특별한 계획을 갖고 있는 어떤 신(神)적인 힘에 의해 만들어진 것이라고 굳게 믿는다. 이렇게 호로스코프에 매달리는 이들이 느끼는 만족감은 점쟁이로 하여금 자신의 '과학'을 더욱 신뢰하게 만들고, 스스로에 대해 자신감을 갖게 만들며, 결국에는 점쟁이가 손님에게 미치는 영향력을 더욱 증가시키게 되는 것이다!

결론적인 실험

약 20여 년 전, 우리는 초자연 현상을 비롯한 신비 현상과 관련된 주제로 어떤 교육기관에서 강연을 한 적이 있다. 이 때 우리 동료 가운데 한 명이 학생들에게 백지에 그들의 성명, 출생지, 생년월일,

출생 시간, 그리고 그들이 마지막으로 꾼 꿈의 내용을 적어보라고 말했다. 그는 이 모든 것을 직접 손으로 써야만 한다고 했다.

이로써 생년월일을 통해서는 점성술적 계산이, 육필을 통해서는 필적 분석이, 꿈을 통해서는 몽점술(夢占術)에 대한 개념이 학생들의 머리 속에 은밀히 주입되었던 것이다.

일주일 후 모든 학생은 각각 자신의 성격에 대한 개인별 분석 통지서를 받았다. 통지서에는 다음과 같은 질문이 적혀 있었다. "당신은 이 결과가 어느 정도로 당신의 실제 성격과 일치한다고 생각하십니까?" 그리도 그 다음에는 "매우 일치, 대부분 일치, 비교적 일치, 비교적 불일치, 대부분 불일치, 매우 불일치"라는 여섯 개의 선택 항목이 뒤따랐다.

그러므로 학생들은 그들 자신이 자신의 성격이라 믿는 것과 결과가 어느 정도 일치하는지 알 수 있었다. 그런데 전체의 60퍼센트에 달하는 학생들이 이 결과치에 대한 평가로 "매우 일치", "대부분 일치", "비교적 일치"를 선택했다.

이는 매우 의미심장하다. 특히 우리가 성격을 알아맞출 확률을 높이고 신뢰도를 증가시킬 수 있게끔 점성술사나 교주로서 소개된 것이 아니라, '거짓 신비를 벗기는 과학자'로 소개되었다는 점을 감안하면 더욱 그렇다.

우리는 각 학생에게 자신이 받은 통지서를 큰 소리로 읽어보라고 했다. 다른 학생이 읽는 소리를 들은 학생들은 각자의 통지서에 적힌 성격 묘사가 결국은 모두 똑같다는 사실을 깨닫게 되었다. 사실 이 개인별 성격 묘사는 사전에 만들어진 것으로, 학생들에게 나

뉘준 것들은 모두 완전히 똑같은 것이었다! 이 일화는 소위 '초자연 현상'이라 불리는 영역에서 흔히 일어나는 무수한 '효과들'의 비밀을 잘 보여주고 있다.

독자 여러분 스스로가 이 실험을 직접 해보기를 원한다면, 여기에 그 성격 묘사를 담은 모델이 있다(30페이지 참조). 개별적 효과를 증대시키기 위해 여기에 자신의 이름을 대입시켜도 무방할 것이다.

이런 식의 묘사가 처음으로 사용되고 또 시험된 것은 1948년, 심리학자 베르트람 포러에 의해서였다. 그는 어떤 점성술 책을 읽는 중에, 자신도 이런 묘사를 만들어 자신의 저서에 삽입해야겠다는 영감을 얻었다고 한다. 이런 텍스트들이 실제 상황에서 보여주는 효율성은 우리가 '우물 효과'라고 부르는 것의 위력을 분명하게 보여주고 있다.

우물 효과

'우물 효과'란, 어떤 말이 애매하면 애매할수록 — 즉 우물의 깊이가 깊을수록 — 그것을 듣는 사람은 이 말 가운데서 자기 자신의 모습을 더 많이 발견하게 되는 현상을 일컫는다.

애매하고 일반적인 말이 한 개인에게만 적용되는 말보다 더 설득력이 강하다는 사실은 여러 실험을 통해 입증된 바 있다. 이것이 바로 여러 인문과학에서 나타나는 '바넘 효과'이다. 더 나아가, 각 개인이 제기하는 구체적이고도 특정한 질문에 대한 "예" 혹은 "아니오"의 대답이 사전에 완전히 무작위로 정해진 채 주어진다 하여

- 당신은 다른 사람들의 따뜻한 애정을 필요로 한다. 그러나 당신은 당신 스스로에게는 매우 비판적이다.

- 당신은 성격상 몇 가지 약점을 가지고 있다. 하지만 일반적으로 당신은 그것을 보상할 능력이 있다.

- 당신은 당신의 이익을 위하여 사용하지 않은, 즉 아직까지 발휘되지 않은 뛰어난 능력을 지니고 있다.

- 당신의 소망들 중 몇몇은 매우 비현실적인 경향이 있다.

- 외적으로는 매우 규율적이고 자기절제를 잘하지만, 내적으로는 매우 걱정이 많고, 확신이 없다.

- 때로 당신은 당신 자신이 좋은 결정을 내렸는지에 대해 심각한 의문을 품는다.

- 당신은 약간의 변화와 다양성을 좋아하며, 어떤 제약이나 한계에 부딪힐 때 기분이 별로 좋지 않다.

- 당신은 때로는 외향적이고, 상냥하고, 사교적이지만, 때로는 내향적이고, 신중하고, 소극적이기도 하다.

- 당신은 독립적인 사고를 지닌 당신 자신에 대하여 긍지를 갖고 있으며, 만족할 만한 증거가 없다고 생각되는 타인의 말은 받아들이지 않는다.

- 당신은 스스로를 다른 사람들에게 지나치게 드러내며, 너무 솔직한 것은 신중하지 못한 짓이라고 생각한다.

---

* 바넘 서커스단의 공연은 모든 사람이 그 공연이 자기 자신을 위해 진행되는 듯한 인상을 받도록 고안되었다. 이 때문에 이 서커스단은 큰 성공을 거두었다. '바넘 효과'라는 말은 심리학자들이 통계와 임상실험을 거쳐 만들어낸 용어로, 누구에게나 맞는 이중적 논리로 상대를 회유하는 일종의 심리 효과를 뜻한다.—옮긴이

도, 이 대답은 질문을 제기한 사람에게 매우 그럴듯한 것으로 여겨진다는 것이다![2]

호로스코프의 성공은 바로 이 우물 효과 덕분이다. "당신은 때로는 강한 편이라 할 수 있다"라는 말은 그 자체로서는 아무 의미 없는 공허한 말이지만 이 말이 호로스코프에 사용될 때에는 매우 그럴듯하다. 이 말을 읽는 각각의 독자는 "나는 영어에 강하다", "나는 근력이 강하다" 등, 하여간 "나는 …하다" 하는 식으로 모종의 맥락 속에서 이 문장에 의미를 부여해 받아들이기 때문이다.

호로스코프에 대한 신뢰도를 높이기 위해 점성술사가 따라야 하는 몇 가지 기본적인 규칙이 있다. 예를 들어 점성술사는 사람들에게 그들의 진실 — 혹은 진실이라고 생각되는 것 — 이 아니라 그들이 진실이기를 원하는 것을 말해야 한다.

물론 점성술사는 사람들이 자신의 예언을 빨리 잊어버린다는 사실 역시 교묘하게 이용하고 있다. 그 누가 다음과 같은 터무니없는 예언을 기억하겠는가? "피에르 베레고부아Pierre Bérégovoy●의 1993년 한 해 전체 운수는 대체적으로 좋다고 할 수 있지만, 1월 초와 9월 초에는 심각한 문제에 직면하게 될 것이다." 이 말은 그 유명한 점성술사 엘리자베스 테시에Elisabeth Tessier가 그녀의 저서 『1993년 당신의 호로스코프Votre Horoscope 1993』에서 예언한 내용이다. 그런데 바로 이 피에르 베레고부아가 1993년 5월 1일, 권

● 프랑스 미테랑 대통령 시대의 수상. 부패 척결에 앞장선 청렴하고 성실한 인물이었으나, 야당 의원 시절 기업인 친구에게 우리 돈으로 약 1억 5천만 원 가량을 무이자로 대출받은 사실이 밝혀져 '비리 공무원'으로 몰리자 명예를 위하여 자살했다. — 옮긴이

총으로 머리를 쏘아 자살했다는 사실은 어떻게 설명할 것인가?

만일 이 책을 읽는 독자들 중에 테시에의 그 유명한 신통력에 대해 보다 상세히 알기를 원하는 사람이 있다면, 점성술사의 비밀을 속 시원하게 파헤친 알랭 퀴니오[3]의 저서 가운데, 이 엉터리 점성술사와 그녀의 그 "분별없는 예측들", 그리고 예측과 현실을 교묘히 일치시키기 위해 그녀가 행한 텍스트 조작에 관해 기술된 장(章)을 읽어볼 것을 권한다.

물론 점성술사들은 어떤 말에든 이 우물 효과를 사용한다. 예를 들어 테시에는 이런 식으로 말한다. "다음 달에는 세계의 모든 사람들이 폭력으로 인하여 고통 속에서 신음할 것이다. 왜냐하면 금성과 명왕성이……" 점성술사들은 항상 사랑─돈─건강이라는 세 주제 주위를 지겹게 맴도는 자신들의 예언을 그럴듯해 보이게 하기 위하여 여러 술책을 사용한다. 사실 지적(知的) 정직성은 점성술사들에게 요구되는 첫 번째 특성은 아니다. 오히려 능란함, 교활함 등이 더 빛나는 미덕이 된다.

점성술에 능통한 점쟁이 하나가 인도 무굴 제국 대왕의 네 아들 중 다라Darah 왕자가 왕위에 오를 거라며 자신의 목을 걸고 예언했다. 사람들은 이 점쟁이가 무모할 정도로 너무나 대담하게 예언하자 다들 놀랐다. 그러자 점쟁이는 다음과 같이 대답했다. "둘 중 하나가 되겠지. 다라가 왕위에 올라 나의 운수가 트이든가, 아니면 그가 패배하여 살해당하든가. 그렇게 되면 나는 더 이상 그를 두려워할 이유가 없단 말이야."

우물 효과 외에도, 점성술사들은 교묘하게 양다리를 걸치기도 한다. "결국, 별자리들의 기운이 흩어지고 있지만 그것들을 한데 합쳐 긍정적인 정수(精髓)를 뽑아내느냐 마느냐는 우리에게 달려 있습니다……" 이처럼 한 가지 경우와 그 반대되는 경우를 동시에 말하곤 하는 것이다. 그러나 이 같은 방식의 모순성은 『1993년 당신의 호로스코프』를 쓴 엘리자베스 테시에에게는 조금도 문제가 되지 않는다.

또, 점성술사들은 인간이 비록 실수를 범하기는 하지만 그렇다고 해서 항상 틀리기만 하는 것은 아니라는 사실을 이용한다. 이는 경험상으로도 당연한 얘기다. 그런데 사람들은 사람이 항상 옳을 수만은 없다는 사실은 당연히 여기면서, 반대로 항상 틀릴 수만은 없다는 사실에는 그다지 주의를 기울이지 않는다. 그러므로 우리는 항상 100퍼센트 틀릴 수 있는 특권을 가진 사람은 없다는 사실을 상기해야 한다. 즉 어떤 점성술사든 가끔은 들어맞는 예언을 할 수 있는 것이다. 그 반대가 된다면 그거야말로 비정상적인 일일 것이다. 그러니 독자 여러분도 부지런히 예언을 계속해보라. 그러면 항상 무언가 맞추는 경우가 나올 테니까!

점공술사들

점성술사란 하늘에서 실제로 일어나는 일에 대해서는 거의 아는 것이 없는 사람이라는 사실을 굳이 말할 필요가 있을까?

이것 역시 『1993년 당신의 호로스코프』에서 엘리자베스 테시에가 우리에게 입증하고 있는 사실이다. "호로스코프가 들어맞는 것을 어떻게 설명할 수 있을까? 어떻게 1960년 1월 9일에 태어난 산양자리의 사람이 1924년 1월 9일에 태어난 산양자리의 사람과 똑같은 별들의 기운을 받게 되는 것일까? 이 물음에 대한 대답은 다음과 같다. 즉 지구 주위를 도는(우리 눈으로 볼 때는 태양이 지구를 도는 것같이 보인다) 태양은 매년, 동일한 날에 하늘의 동일한 지점에 위치하게 되기 때문이다." 그러나 테시에의 이 말은 완전히 엉터리이다! 태양은 매년 같은 날에 하늘의 같은 지점에 위치하지 않는다.

태양 주위를 도는 지구가 매해마다 어떤 주어진 날짜에, 자신의 궤도에서 동일한 위치로 되돌아오는 것은 아니다. 세차(歲差) 현상 때문에 이 위치는 해마다 조금씩 어긋나게 된다. 숫자를 사용하여 설명하자면, 각 해의 동일한 날짜에 지구는 대략 '지구 세 개에 해당하는 거리만큼 앞'에 위치하게 된다. 즉 지구는 1년 전에 비해 약 3만 6천 킬로미터 떨어진 곳에 위치하게 되는 것이다.

점성술사 엘리자베스 테시에에게는 대단히 미안한 말이지만, 그녀의 "똑같은 별들의 기운" 운운하는 주장과는 달리, 1960년 1월 9일과 1924년 1월 9일에 지구는 태양 주위의 공전궤도에서 결코 동일한 위치를 점하지 않는다. 이 두 날짜 사이에 지구의 위치는 약 130만 킬로미터 어긋난다. 그렇다! 130만 킬로미터나 말이다!

대부분의 점성술사들은 태양 황도대(黃道帶), 즉 별들이 아닌 (별들과 연결된 황도대는 '항성 황도대'라고 한다) 태양에 관련된 수대(獸帶) 기호표*를 가지고 작업한다. 그리고 그들이 예측을 할 때 사용하는 '12궁(宮)'이라고 하는 것도 실상은 춘분점에 해당하

---

* 춘분점을 기점으로 황도를 30도씩 12등분하여 황소자리, 전갈자리, 산양자리 따위의 별자리 이름을 붙인 것
　― 옮긴이

는 천체 균분선(均分線)과 황도가 교차하는 이른바 '감마' 라는 점을 중심으로 분할된 12개의 네모난 칸에 불과하다.

우리 시대가* 시작되기 직전, 이 칸들이 별자리 기호들과 거의 일치했던 것이 사실이다. 따라서 이 별자리들은 각 기호에 그들 각각의 속성을 부여할 수 있었다. 하지만 지금은 다르다. 세차 현상이 감마점, 그리고 점성술사들이 사용하는 모든 별자리들을 함께 이동시키며 이 멋지게 꾸며진 하늘의 구조물을 뒤죽박죽으로 만들었기 때문이다. 따라서 지금 점성술사들의 별자리 기호들은 고대의 실제 별들과는 더 이상 조금도 일치하지 않는다.[5]

이처럼 현대의 '태양을 기준으로 하는' 점성술사들은 어리석게도 실제 별들과는 아무 관계도 없는, 즉 아무런 실체와 내용이 없는 네모난 별자리 칸들을 사용하고 있는 셈이다.

그러므로 이 점쟁이들이 아직도 사용하는 이 공허한 '점성술(占星術)' 은 차라리 '점공술(占空術)' 이라 부르는 것이 더 적합할 것이다.

나르시시즘적 성향

현재 점성술이 크게 유행하는 이유는, 현대 문명이 나르시시즘적 성향이 강하기 때문이다. 과학이 전체적이고 일반적인 예측만을 할 수 있는 데 반해, 대다수 사람들은 자신의 개인적 운명에 관심을 갖는다. 일반적인 법칙만을 말하는 과학자와, 각 개인에 대해 구체

....
* 여기서 '우리 시대' 란 서구인들에게 있어 예수의 탄생 이후, 즉 서기 이후의 시기를 말한다. ─ 옮긴이

적으로 말해주는 점성술사 사이에서 사람들은 과연 누구를 택하겠는가?

점성술사들이 전적으로 고객의 문제만 전담하고 있다는 환상은 점성술사가 던지는 질문들로 인해 더욱 강화된다. 즉 그들은 고객의 출생지, 생년월일, 출생 시간과 분까지 물어봄으로써 오로지 단한 사람, 즉 고객 한 사람에게만 관심을 갖고 있는 것처럼 보이게 하며, 또 예측 결과와 고객의 사정이 완전히 일치하는 것처럼 느껴지게 만든다.

우리가 보는 것, 인지하는 것들은 사실상 우리가 가진 선입견에 의해 크게 좌우된다. 또한 과거의 경험에 의해서도 영향을 받는 우리의 욕구와 동기는 의식적, 혹은 무의식적으로 이른바 '선택적 노출'에 의해 결정된다. 이 선택적 노출이란 일종의 심리적 원리로, 잡지, 신문, 라디오, 텔레비전 등을 선택하고 참고함에 있어, 우리는 이미 갖고 있던 견해를 바꾸기보다는 오히려 이에 더욱 매달린다는 것이다.

우리의 견해와 다른 정보를 얻은 경우, 우리는 혼자만의 주관적 판단으로 본래 뜻과는 상반되게 해석하거나, 혹은 잘못 받아들이는 우를 범하기 쉽다. 이 개인적인 평가 작용이야말로 각종 점술들이 활개칠 수 있는 주요 근거 중 하나이다. 주관적 평가 작용은 우리로 하여금 서로 아무런 관계도 없는 두 사건을 관련짓게 만든다. 그것은 간단히 말해 어떤 욕망, 어떤 가정(假定)이나 믿음이 그러한 관련성을 요구하고 필요로 하기 때문이다. 그리고 여기서는 더 간단히 호로스코프가 그것을 예언하였기 때문이다. 이러한 사실은 미신적인 행동을 낳는다. 그것은 자기 자신의 행동이 — 사실은 전혀 그렇지 않은데도 — 사건의 흐름을 결정할 수 있다는 확신에 근거한 행동이다.

별들의 기운이 한 사람의 운명에 전혀 영향을 주지 않는다 해도, 그의 호로스코프 자체는 그에게 영향을 미칠 수 있다. 그리고 호로스코프가 어떻게 그토록 많은 사람들에게 그토록 큰 영향력을 미칠 수 있는가는, 앞에서 살펴본 '우물 효과'가 특히 잘 설명해주고 있다.

세차 현상

지구는 완전한 구(球)가 아니다. 극지방은 약간 납작하게 눌려 있고, 적도가 지나는 둘레는 약간 더 부풀었다고 할 수 있다. 이 부푼 적도 부분에 태양과 달의 인력이 작용하여 지구의 자전축(지구의 양 극을 이은 선)은 고정되어 있지 않다.

지구는 돌고 있는 팽이처럼 자전축을 중심으로 원을 그리며 돌고 있는데, 한 번 도는 데 약 2만 5천 790년이 걸린다고 한다(그림 2-1 참조). 그런데 전체적인 현상은 이것보다 좀 더 복잡하다. 기원전 2세기 니케아의 히파르코스Hipparchos에 의해 발견된 '세차 현상'에 '지축장동(地軸章動)'이라 불리는 또 다른 현상이 추가되기 때문이다. 이 장동 현상은 약 18.6년을 주기로 일어나며 그 결과 세차시 자전축이 그리는 원 주위로 작은 진동이 일어나게 된다.

참고로 다음과 같은 사실을 알면 이 현상을 보다 분명하게 이해하는 데 도움이 될 것이다. 즉 지금으로부터 약 1만 2천 년 후에 지구의 축은 현재의 백조자리의 베가성(토)을 향하게 될 것이며(그림 2-2 참조), 이때가 되면 작은곰자리에 있는 현재의 '북극성'은 북쪽에 대한 기준점으로서의 위치를 상실한 지 이미 오래인 상황이 될 것이다!

천체 균분선의 평면, 즉 지구 적도선이 그리는 원을 포함하며 그 것을 확장한 평면은 지구 자전축의 회전 움직임을 따른다. 결과적으로 천체 균분선과 황도의 교차점, 즉 태양 주위를 도는 지구의 궤도가 이루는 평면의 위치 역시 변하게 된다.

그런데 이 교차점은 태양 중심 별자리의 기준점이 되는 감마점

그림 2-1

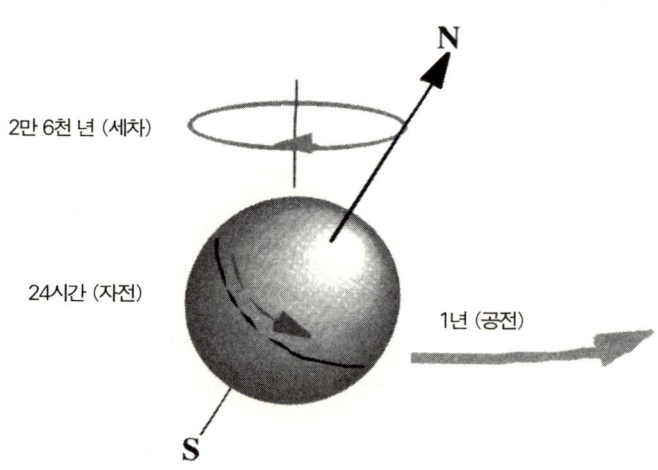

H. Broch, 1989

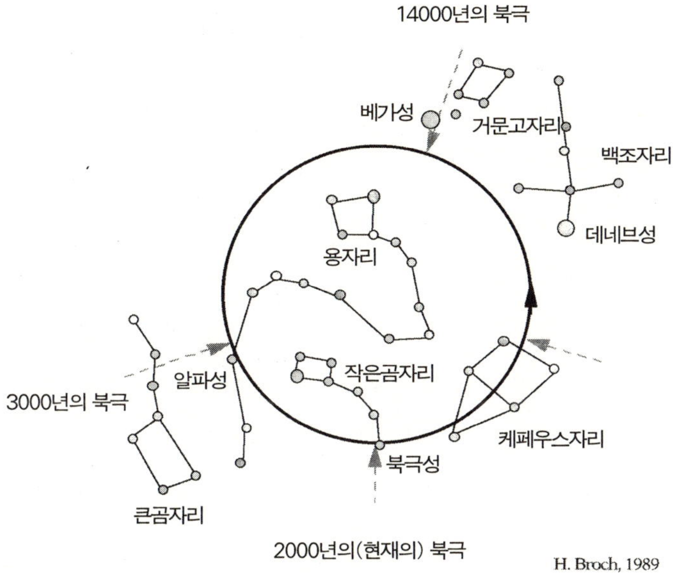

14000년의 북극

베가성

거문고자리

백조자리

데네브성

용자리

작은곰자리

3000년의 북극

알파성

케페우스자리

북극성

큰곰자리

2000년의(현재의) 북극

H. Broch, 1989

그림 2-2

(춘분점[6])을 결정한다. 즉 감마점은 천구상에서 천천히, 그러나 확실하게 이동하며, 그에 따라 태양 중심 점성술사들의 별자리들도 함께 이동한다. 결국 이 별자리들은 처음의 위치를 떠나 점점 다른 곳으로 이동하게 된다(그림 2-3 참조).

하나의 예를 들어보기로 하자. '사자자리 사람들', 즉 원래는 지구에서 본 태양이 사자자리 지점에 위치했을 때 탄생한 사람들은 '용감하고, 오만하고, 지배적'이라고들 말한다. 2천년 전 히파르코스 시대에 이 말은 당연한 말이었는지도 모른다. 하지만 오늘날에는 터무니없는 말에 불과하다. 우리가 지금까지 살펴보았듯이, 7월 말이 생일인 사람들, 즉 태양 중심 점성술사들의 표현에 따르면 '사자들'이 태어났을 때, 태양은 사자자리와 멀리 떨어진 가재자리에 있었기 때문이다.

막간을 이용해…

우물 효과가 적용되는 것은 점성술만이 아니다. 일상 생활의 모든 영역에서 이 우물 효과가 무수히 이용되고 있는 것을 어렵지 않게 찾아볼 수 있다. 정치 영역에서 예를 하나 들어보자(42페이지의

그림 2-3

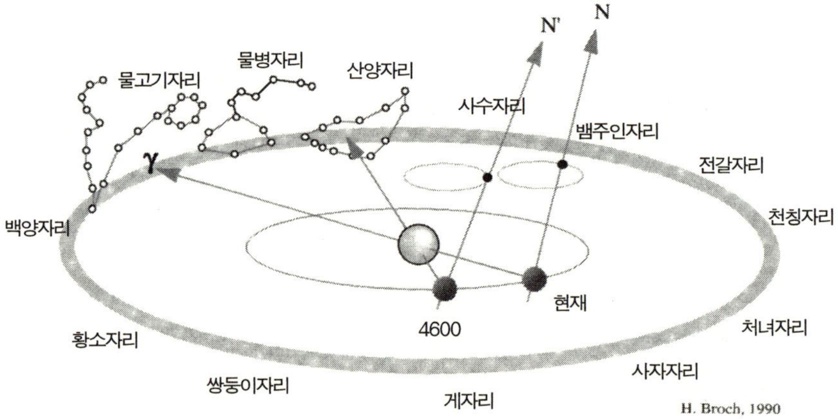

위의 그림은 현재의 춘분시와 서기 4600년의(즉 지금으로부터 2600년 후, 그러니까 세차 주기 전체의 1/10이 경과했을 무렵) 춘분시에 지구가 점하는 그의 공전궤도상의 위치를 보여준다. 현재의 춘분시에는, 태양은(지구에서 관측된 태양) 물고기자리에 위치한다. 하지만 서기 4600년의 동일한 날짜에(대략 3월 21일 경) 태양은 산양자리에 위치하게 될 것이다!

표 참조). 이 표는 우리의 동료인 자크 푸스티스가 만든 것을 거의 수정하지 않고 그대로 옮긴 것이다. 사실 이것은 잡지《요정이 그것을 말했지요La Fée l'a dit》1998년 1월호에 폴란드 학생들이 발표한 것으로, 푸스티스씨가 다듬어서 다시 내놓은 것이다.

우선 첫 행의 맨 좌측에 있는 칸부터 읽는다. 그리고 2열에서 아무 칸이나 무작위로 선택하여 읽는다. 이렇게 3, 4열에 있는 칸도 차례차례 선택하여 읽은 다음, 다시 1열로 돌아온다. 물론 1열에서도 아무 칸이나 무작위로 고른다. 이렇게 이 모든 칸들을 읽어나간다. 여기서 한 가지 잊지 말아야 할 점은, 읽을 때에는 확신에 찬 억양으로 힘주어 읽어야 한다는 것이다. 확신에 찬 억양이야말로 설득에 있어 필수불가결한 요소이기 때문이다.

개인적 체험

초자연 현상을 믿는 사람들이 공통적으로 내세우는 것은 이른바 '개인적 체험'이라는 것이다. 모든 합리적 견해에 대하여, 그들은 예외없이 다음과 같은 대답으로 맞선다. "당신은 그런 것이 존재하지 않는다고 말할 수 없어요. 왜냐하면 내가 그걸 체험했으니까요", "내가 그걸 직접 봤어요", "내가 그걸 실제로 느꼈어요"…… 이런 식으로 말하는 사람들에게 그의 경험이 어떤 사실에 대한 일반적 증명이 될 수는 없다는 것을 어떻게 납득시킬 수 있단 말인가? 만일 누군가가 당신에게 어제는 자신이 고액 복권에 당첨되었으므로 행

1	2	3	4
신사, 숙녀 여러분	현재의 상황은	더 큰 평등을 향해 나아가는 과정 안에서	범 지구적 차원의 목적 가운데 편입되어야 합니다
본인은 다음과 같은 사실에 근본적으로 확신을 갖고 있는 바	여러분 중 누군가가 알고 계실 소외의 문제는	더 큰 발전과 더 큰 정의를 향해 나아가는 미래에 대한	더 실제적인 고려를 강요하고 있습니다
이제부터 나는 다음과 같은 사실을 여러분들이 받아들일 수 있도록 투쟁하겠습니다	일상 생활에서 제기되는 문제들의 첨예함은	그 안에서 모든 사람이 각자의 존엄성을 되찾을 수 있는 사회 재건설의	이 도정에 나와 같은 시민들을 부르고 있으며, 또 우리 모두에게 앞으로 전진할 것을 요구하고 있습니다
한편, 모든 상황을 충분히 잘 알고 있는 나는 오늘 여러분에게 다음과 같은 사실을 확언하는 바입니다	우리 나라를 위기에서 구원하고자 하는 강력한 의지는	우리의 특성들에 대한 유보 없는 가치 부여의	절박한 필요성이라는 결과를 초래했습니다
나는 여기서 다음과 같은 결단을 소리 높여 외치고 싶습니다	소외된 시민들의 절박한 상황을 위해 일차적으로 노력해야 할 것은	각자의 정당한 필요성에 진정으로 부응하는 계획의	방향으로 나아가야 한다는 나의 바람을 강화시켜주고 있습니다
나는 오래 전부터(그걸 여러분들에게 굳이 말해야 할 필요가 있을까요) 다음과 같은 생각을 고수해왔습니다	우리의 유일무이한 역사에서 기인한 특수성은	커다란 사회적 축에 상응하는 신속한 해결책들의	진실로 절박한 선택으로 우리를 이끌고 있습니다.
그리고 나는 확신에 차, 다음과 같은 사실을 선언하는 바입니다	사회적 진보에 대한 모든 이들의 지극히 정당한 열망은	보다 인간적이고, 보다 박애적이고, 보다 정의로운 프로그램의	수립을 기층민의 관심사로 만들고 있습니다
그리고 나의 친애하는 국민들이여, 여러분은 내가 다음과 같이 말한 것에 대해 반박하지 않을 것입니다	젊었든 혹은 나이들었든 간에 모든 분들이 매일 느끼는 불안감에 대답해야 하는 필요성은	특히 경제적으로 가장 어려운 상황에 있는 사람들에게 진정한 희망을 줄 수 있는 계획의	수립이라는 나에게는 가장 흥미로운 사명을 가져오고 있습니다.

운의 날이었다고 말한다면, 당신이 그에게 그 기쁜 소식을 알기 전까지는 어제가 그저 그렇고 그런 날이었다는 사실을 설득시키기란 매우 힘들다.

개인적 체험은 여러 가지 이유에서 증거가 될 수 없다. 그 중 가장 중요한 이유는 당신이 당신의 체험에 대해 이야기하는 내용은 주관적인 경우가 흔하기 때문이다. 개인적 체험들은 우리의 믿음에 영향을 미친다. 그러나 그것은 있는 그대로의 사건, 즉 실현된 대로의 사건으로서가 아니라, 우리가 그것에 대하여 갖게 되는 기억으로서 영향을 미친다. 그러므로 체험이 어떤 사실에 대한 설명 자체를 구성하지는 못하며, 하나의 증거로서 인정받지도 못한다.

당신은 어떤 게 떠오르십니까?

이제 당신의 시각 기억에 관한 실험을 하나 해보자. 이것은 어떤 순간을 사진으로 찍은 것이라 할 수 있는데, 사람들은 이를 '시각 기억'이라고 부른다. 이런 시각 기억력이 좋은 사람들은 자신들이 본 사물을 매우 정확히 간직하는 능력을 지니고 있다.

자, 당신이 그들 중 한 사람이라고 가정해보자. 잠시 동안 정신을 집중하고, 오늘 아침식사 시간을 상기해보라. 어떤 방 안에 있었으며, 정확히 어느 장소에 있었으며, 무엇을 마시고 있었으며, 무엇을 먹고 있었으며, 그때 당신의 옷차림은 어떠했던가 등을…… 간단히 말해, 그 때의 광경을 회상해보라.

잠깐

이 페이지를 넘기지 말고, 앞의 글들을 다시 읽어보라.

그리고 실제적으로, 또 구체적으로

이런 식의 회상을 할 수 있도록 노력해보라.

당신은 방금 전에, 즉 회상을 하면서 다음과 같은 광경을 보지 않았는가?

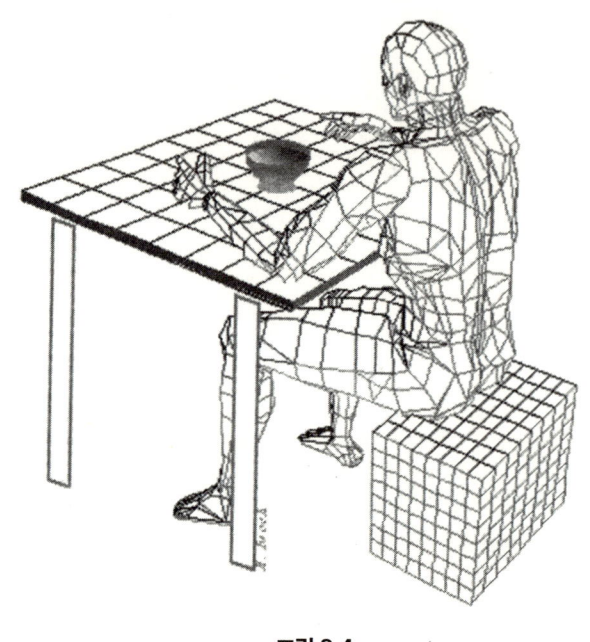

그림 2-4

즉 당신이 어디엔가 앉아서 아침식사를 하고 있는 그런 광경 말이다. 아마도 그림 2-4처럼 당신의 등 뒤, 그리고 약간 위쪽으로부터 당신 자신의 모습을 내려다보았을 것이다.

그렇지만 생각해보자. 당신이 식사 중에 실제로 본 것은 당신의 두 손과 그릇에 불과했을 것이다. 그럼에도 단지 이 두 요소만을 포함한 영상, 그런 광경을 보는 사람은 극히 드물다. 대부분의 사람들은 그림 2-4에 묘사된 것과 같은 그런 광경을 본다. 즉 결코 그들의 망막에 비친 적이 없었던 그런 영상을 보는 것이다.

사실 기억의 과정이라는 것은 우리가 무엇인가를 상기하려 할 때, 일종의 구축 작업을 요구하게 된다. 그리고 이 구축 작업은 본질상 재구축 작업, 일종의 조작(꾸며내기)이기도 하다. 바로 이 때문에 어떤 사람이 자신의 개인적인 경험, 즉 모종의 신비적 현상에 '의심의 여지없는 증거로 작용하는' 체험에 대해 말할 때, 우리는 이 증언을 매우 신중히 받아들여야 하는 것이다.

당신은 무엇이 보이십니까?

시각 영역에 관련된 이야기를 하나 더 해보자. 당신은 당신의 눈이 어떤 특별한 능력을 지니고 있다는 사실을 알고 있는가? 사람들은 종종 말한다. '믿기 위해서는 보아야 한다'고…… 이것은 도대체 무엇을 의미하는가? 우리는 곧 알게 될 것이다.

자, 약 30초 동안 그림 2-5[7]를 응시하라. 하트 모양으로 생긴 두 개의 검은 점 사이에 있는 조그만 점을 응시하라. 그리고 당신의 시선을 움직이지 말고, 이 점에 계속 집중하면서, 또 눈을 깜박이지 않으려 애쓰면서, 속으로 30까지 세라. 그리고 나서 페이지를 넘기고 글을 계속 읽어나가라.

그림 2-5

 잠깐

페이지를 넘기지 마시오.

두 하트 사이의 점에 집중한 채 천천히 30까지 세시오.

🖐 잠깐
·····················

이 백지를 응시하시오.

지금 당신이 행한 실험은 당신으로 하여금 다음과 같은 이미지를 '보게' 만들었을 것이다.

그림 2-6

즉 예수 그리스도(혹은 카를 마르크스나 당신의 털보 동료 혹은 친구 등. 이는 당신의 선입견에 따라 달라질 것이다)의 모습이 백지 위에 나타나 가볍게 움직이고 있을 것이다.

만일 당신이 백지에서 눈을 떼 방의 벽면을 바라보면 역시 동일한, 그러나 훨씬 더 큰 영상이 나타나는 것을 확인할 수 있을 것이다. 이 현상은 두 가지 사실에 의해서 가능하게 된다.

우선 사람들이 '망막 잔상(殘像)' 이라고 부르는 것, 즉 약 15분의 1초라는 짧은 순간 동안 이미지가 남아 있는 현상 때문이다. 이 현상은 예를 들어 우리가 영화를 볼 때, 영사기가 스크린 위에 비추고 있는 것은 사실상 토막토막 끊어진 고정된 이미지들의 불연속임에도 불구하고, 우리로 하여금 물 흐르듯 이어지는 동영상을 볼 수 있게 한다.

두 번째 현상은 다음과 같다. 우리가 충분히 긴 시간 동안(여기서는 수십 초 동안) 안구를 움직이지 않고 무언가를 정확히 응시할 경우, 동일한 망막세포들은(이것은 주로 높은 광도의 빛들을 작업하는 중앙의 추상체(錐狀體)세포들, 그리고 낮은 광도의 빛들을 작업하는 주변의 간상체(桿狀體)세포들이다) 감광 작업을 계속하게 된다. 그 결과 세포들의 감광 능력은 포화되어 더 이상 빛의 흐름을 전달할 수 없게 된다. 이때 갑자기 쳐다보고 있던 이미지를 치우고, 시선을 다른 평면으로 옮기면 어떻게 될까? 물론 망막은 이 새로운 평면의 색깔을 정상적으로 감지할 수 있을 것이다. 단 이전의 이미지에 의해 포화된 망막세포들과 연결되는 부분을 제외한다면 말이다. 왜냐하면 이 세포들은 조금 전에 오래 바라본 탓에 지금 보고 있는 표면의 색깔들은 더 이상 감지하지 못하기 때문이다. 결과적으로 우리는 처음의 이미지와 (그 형태와 색깔에 있어서) 완전히 상보(相補)적인 그런 이미지를 보게 된다.

사실 이 이미지는 우리 눈의 내부에 맺혀 있는 것이다. 따라서 우리가 어떤 방향으로 고개를 돌리느냐에 관계없이 우리는 그 이미지를 계속 보게 될 것이다. 이 이미지는 외부와는 상관없이 우리의 망막 위에 맺혀 있다. 따라서 우리가 바라보고 있는 균일한 평면이 멀리 있으면 있을수록, 이 허깨비 이미지는 우리에게 더 크게 보일 것이다. 왜냐하면 눈이 취했던 처음의 앵글이 계속 유지되기 때문이다.●

우리의 시선이 이 책의 백지에서 벽면으로 이동함에 따라, 허깨비 이미지의 크기는 그만큼 커지게 되고, 이로 인해 우리가 느끼는 신비감 또한 더욱 커진다.

이 이미지 테스트에서 우리는 편의를 위해 흰색과 검은색을 선택하였다. 하지만 다른 유채색을 사용한다 해도 결과는 마찬가지이다. 만약 독자 여러분이 푸르스름한 색깔의 외계인을 보고 싶다면, 여러분이 원하는 외계인의 머리를 그리되, 색깔은 자주색으로 하고 거기에 두 개의 커다란 눈을 그리면 된다. 약 1분 동안 이 그림을 응시한 후 당신의 시선을 어떤 흰 표면(벽, 냉장고 등) 위로 옮겨보라. 거기서 당신은 녹색 피부에 커다란 검은 눈을 한 사랑스러운 외계인 친구를 만나게 될 것이다.

● 허상(虛像)은 잔상 작용에 의해 우리의 망막 위에 만들어진다. 그러므로 이것은 외부의 물체와는 독립적인 것이다. 이 허상은 우리의 망막에서 우리가 애초의 이미지를 바라볼 때 만들어진 앵글에 의해 결정된 부분을 차지하고 있다. 당신이 지금 30센티미터 떨어진 곳에 있는 백지 위에 그려진 5센티미터 길이의 선을 보았다고 가정해보자. 이때 밑변 5센티미터, 높이 30센티미터의 이등변삼각형이 백지와 망막 사이에 형성되고, 이 삼각형의 예각에 이루어지는 각인 10도 크기의 잔상이 망막 위에 남는다. 그런데 잔상 현상에 의해 형성되는 허상의 크기는 당신의 망막 위에 맺힌 잔상의 크기에 의해 결정될 것이다. 결과적으로 만일 당신이 아까보다 두 배 더 가까운 거리인 15센티미터 떨어진 곳에 위치한 백지를 응시한다면, 허상을 만들고 있는 망막의 각도는 10도를 유지하고 있을 것이기 때문에 여러분은 아까보다 두 배 더 작은 이미지, 즉 약 2.5센티미터 길이의 선을 보게 될 것이다. 마찬가지로 만일 여러분이 3미터 떨어진, 즉 애초의 그림보다 열 배 더 멀리 떨어진 곳에 있는 흰 벽을 응시한다면, 허상의 크기는 50센티미터가 될 것이다.

텔레파시 능력자가 되보자

다음과 같은 상황을 상상해보자. 당신은 식사를 마친 후 친구들과 함께 소파에 편안히 앉아 있다. 그리고 대화는 여러 가지 신비스러운 현상들을 주제로 진행되고 있다. 즉 '사람들이 직접 겪은 수많은 체험에 의해 충분히 증명된', 그리고 '편협한 한계에 갇혀 있는 과학이 명확히 드러난 진실을 보지 않으려고 자기 눈을 가린 채 진지한 검토를 거부하고 있는' 각종 초자연 현상들 말이다.

이 대화 가운데 빠지지 않는 단골 메뉴가 하나 있으니, 그것은 두뇌들이 서로 직접 교신할 수 있는 능력, 즉 텔레파시이다. 이 주제에 대한 대화는 예를 들면 다음과 같은 말과 함께 시작될 것이다. "당신이 어떤 사람을 생각하고 있는데, 그 때 막 그 사람에게서 전화가 걸려오는 그런 일 겪어보지 않았어요?"……"길을 걸어가고 있는데, 사람은 보이지 않아도 누군가 나를 자꾸 쳐다보고 있는 듯한 그런 느낌 받은 적 없나요?"…… "쌍둥이들 말이에요! 그들이 서로 수십 킬로미터나 떨어져 있는데도, 자신의 형제가 느끼는 것을 같은 시간에 똑같이 느낄 수 있다는 사실, 정말 놀랍지 않나요?"……

이때 당신의 배우자가 대화에 끼여들며 다음과 같이 말한다. "그런데 여보, 말이 나왔으니 말인데, 일전에 당신 친구들에게 당신이 약간 특이한 능력을 갖고 있다고 말하지 않았수? 그 능력을 우연한 기회에 발견하게 됐다고 했잖아요. 아주 멀리 떨어져 있는 동료와 단지 생각만으로 서로 소통할 수 있다면서요!"

그러면 당신은 당신의 배우자 못지 않게 천연덕스런 말투로 다음과 같이 대답한다. "에이! 그 이야기는 하지 맙시다! (친구들에게 이에 대해 말하는 것을 거부하는 듯한 태도를 보여주는 게 중요하다. 이렇게 함으로써 당신은 친구들에게 더욱 진지한 인상을 심어줄 수 있기 때문이다.) 나는 점쟁이나 무당 같은 그런 부류의 사람이 아니야. 내가 가진 이 능력을 나도 어떻게 설명해야 할지 모르겠어. 심지어 나는 그런 일이 어떤 식으로 이루어지고 있는지도 잘 몰라. (이 때 겸손한 태도는 언제나 당신에게 득을 가져온다. 왜냐하면 당신이 이런 식으로 말할 때, 당신의 친구들은 자신들이 이 방면에 대해 알고 있는 지식을 앞 다투어 늘어놓을 것이기 때문이다. 예를 들어 X연구소의 Y라는 학자가 텔레파시 현상은 Z라는 것에 의해 설명될 수 있다는 사실을 증명했다는 등……) 하지만 분명한 것은…… 맞아…… 정말 나한테 그런 능력이 있는 것 같아."

이런 식으로 본론에 들어가고 난 후에는, 친구들 중 한 명이 당신에게 조금만 더 이야기해달라고 간청하게 될 것이고, 결국에는 당신이 말한 것을 증명하는 시범을 보여달라고 애걸하게 될 것이다. 그 때 당신은, 사람들이 통상 '텔레파시'라고 부르는 것이 행해지기 위해서는 동일한 파장(波長)에 맞춰진 두 개의 두뇌가 있어야 하며, 당신이 이 문제에 관해 여러 가지 실험을 해본 끝에, 마침 당신의 동료 중 당신과 두뇌 파장이 일치하는 사람을 한 명 발견했노라고 말한다. 당신은 지금 여기서 몇 킬로미터 떨어진 곳에 있는 동료, 즉 N에게(당신은 그의 성(姓)을 구체적으로 말해야 한다) 매우 자주(여기서 성공을 100퍼센트 자신하는 것보다는, 약간 망설이는 듯한 태도를 보여주는 것이 중요하다) 오로지 염력을 통해 카드의 숫자를 전달하기도 한다고 말한다.

그러면 좌중은 안달이 나서 당장 시범을 보여달라고 졸라댈 것이고, 당신은 그들의 요청에 마지못해 따르는 체한다. "좋아요! 좋아! 하지만 보장은 못 해요. 내 동료 N에게 지금 전화를 해야 해요. 그런데 그가 지금 집에 있는지조차 모르겠군요. 그의 전화번호가 뭐였더라…… 아, 이거일 거예요(당신은 친구들에게 그 동료의 전화번호를 준다). 여러분들 혹시 카드 한 벌 갖고 있나요?"

친구들은 당신에게 카드 한 벌을 가져다줄 것이다. 당신은 그것에 손도 대지 않은 채, 주위에 있는 사람들 중 한 명을 지목해 그것을 여러 번 섞으라고 말한다. 그리고 그로 하여금 패 한 장을 뽑아내게 한다. 이런 식으로 뽑힌 카드가 '클로버 7'이라고 하자.

그 뽑힌 카드에 정신을 집중하기 전에, 당신은 당신의 수첩을 꺼내 N의 전화번호가 맞는지 확인한 다음, 그것을 그의 성, 그리고 이름과 함께 백지 위에 적는다. 그리고 그 종이를 역시 좌중에 의해 지목된 한 사람에게 주고, 그에게 지금 당신이 있는 방 바깥으로 나가서 동료 N에게 전화하라고 말한다. 이제 N은 발신자인 당신이 허공을 통해 전달할 이미지(클로버 7)를 받는 수신자가 되는 셈이다.

이제 카드는 당신 앞에 놓여 있다. 당신은 두 손으로 머리를 감싸쥔 채 요란스럽게 훅훅 심호흡을 하면서 정신을 집중한다. 이렇게 몇 초, 몇 분의 시간이 서서히 흘러간다. 그리고 이 모든 일은 거기 모여 있는 모든 사람들이 지켜보고 있는 가운데 이루어질 것이다.

약 10여 분이 지난 후, 전화를 걸러 나갔던 사람이 돌아온다. 그리고 그는 경악을 금치 못하겠다는 표정을 짓고 있다. 정말 믿을 수 없는 이야기지만, 전화를 받은 수신자 N이, 어렴풋이 떠오르는 흐릿한 영상들 속에서 한참 망설이다가 결국 '클로버 7'이 보인다고 말했다는 것이다!

이제 당신은 극도의 정신 집중을 한 후이기 때문에 기진맥진하여 헐떡거리고 있다. 당신은 고개를 간신히 쳐들고는 다음과 같이 말한다. "휴우…… 정말 힘드네. 이제 한동안은 못 하게 될 거야…… 정말 힘들어…… 내 두뇌가 완전히 터질 듯이 달아올랐어……"

그러면 사람들은 지금까지 직접 목격한 과정에 대해 다투어 질문들을 쏟아낼 것이고, 마침내 모든 것이 확실했다고 인정하게 될 것이다.

정말로 놀라운 일이다. 카드를 다룬 이들은 다름 아닌 현장에 있던 사람들이었던 것이다. 게다가 당신은 동료의 성(姓)을 먼저 사람들에게 주고 전화번호 역시 먼저 주지 않았던가! 당신은 지금 당신의 집에 있는 것이 아니므로, 그 장소, 그 방에 트릭을 위한 장치 또한 있을 수 없다. 일테면 도청기 같은 것을 몰래 숨겨놓을 수도 없는 것이다.

밖으로 전화를 걸러 갔던 사람이 증언하는 바로는, N역시 답을 알아내기 위해 그에게 유도신문(誘導訊問) 따위의 행동은 결코 하지 않았다는 것이다. 그는 단지 N을 바꿔달라고만 부탁했으며, 선택된 카드에 대한 어떤 종류의 암시도 흘리지 않았다.

그러나 한 두 사람 정도는 아직도 의심을 품을 수 있다. 하지만 그들 역시 정확히 어디가 문제인지는 구체적으로 지적하지 못한다. 그건 차라리 의심을 위한 의심에 불과한 것이다. 더 확실히 하기 위해 실험을 한 번 더 해보는 것이 어떨까? 그러나 다시 시작하는 것은 불가능하다! 당신이 이미 말했거니와, 그건 너무나도 힘든 일이기 때문이다. 지금 당신은 녹초가 되어 뻗어 있는 것이다!

이렇게 해서 그 날 저녁 파티는 의심 많은 친구들에게 텔레파시가 정말 존재한다는 사실, 그리고 멀리 떨어져 있는 두 사람 사이의 교신이 전적으로 가능하다는 사실을 증명하고 난 후 다시 화기애애한 분위기 속에서 끝날 것이다.

해답은 수첩 속에 들어 있다

하지만 이대로 서로 헤어지기 전에 당신의 수첩 속을 한 번만 들여다보자. N으로 시작하는 성을 가진 사람들의 이름을 알파벳 순으로 적어놓은 페이지들 말이다. 그런데 우리는 그 수첩 속에서 다음과 같은 사실을 알게 된다(60페이지 참조).

자, 이걸 보면 당신의 이른바 텔레파시 능력이 이제는 전혀 다른 각도로 조명될 것이다. 그리고 신비한 텔레파시의 비밀은 사실 엄청나게 간단하다는 사실이 드러나게 될 것이다.

뽑힌 카드에 대한 정보는 당신이 수신자의 성(姓)과 이름을 건네준 사람, 즉 텔레파시 수신자에게 전화를 건 사람에 의해(그 자신은 의식하지 못하는 사이에) 전달되었던 것이다. 모든 정보가 그의 이름 안에(성이 아니라) 들어 있었다. 그런데 이 이름은 입 밖으로

발음되어서는 안 된다. 이 이름은 카드를 선택하고 난 후, 그리고
수첩을 참조하고 난 후 단지 종이 위에 적기만 해야 한다. 여기서

알랭	스페이드 에이스		기욤	클로버 에이스
앙드레	스페이드 킹		앙리	클로버 킹
앙투안	스페이드 퀸		에르베	클로버 퀸
아르망	스페이드 잭		위베르	클로버 잭
브느와	스페이드 10		자크	클로버 10
베르나르	스페이드 9		장	클로버 9
브루노	스페이드 8		제롬	클로버 8
샤를	스페이드 7		줄리앙	클로버 7
크리스티앙	스페이드 6		로랑	클로버 6
크리스토프	스페이드 5		루이	클로버 5
클로드	스페이드 4		뤽	클로버 4
클레망	스페이드 3		마르크	클로버 3
다니엘	스페이드 2		모리스	클로버 2
다비드	하트 에이스		미셸	하트 에이스
디디에	하트 킹		니콜라	다이아몬드 킹
도미니크	하트 퀸		올리비에	다이아몬드 퀸
에드몽	하트 잭		파스칼	다이아몬드 잭
에두아르	하트10		폴	다이아몬드 10
에밀	하트 9		필립	다이아몬드 9
에릭	하트 8		피에르	다이아몬드 8
에티엔	하트 7		레몽	다이아몬드 7
프랑수아	하트 6		르네	다이아몬드 6
조르주	하트 5		리샤르	다이아몬드 5
제라르	하트 4		로베르	다이아몬드 4
제르멩	하트 3		로제	다이아몬드 3
질베르	하트 2		롤랑	다이아몬드 2
빅토르	조커		이브	보조 카드

수첩을 보는 유일한 목적은 54개의 카드 종류에 연결된 54개의 이름을 다 외우는 수고를 면하기 위해서이다(만일 당신의 기억력이 좋다면 수첩 없이 하는 편이 훨씬 나을 것이다!).

그런데 독자 여러분은 여기서 카드가 52장이 아니라 54장이라는 사실에 놀랄 수도 있다. 카드 수가 이렇게 늘어나게 된 사연은 다음과 같다. 이 텔레파시 시범을 사람들에게 보여주던 동료 한 사람이 있었는데, 그의 남동생이 그가 원래 준비했던 이 52장 이외의 다른 카드를 뽑아 그를 당황하게 만들었던 것이다. 그래서 우리 동료는 52장의 카드, 그리고 그에 상당하는 52개의 이름들에다 조커(동료의 약삭빠른 남동생은 바로 이 조커 카드를 뽑아 그를 당황시켰다!), 그리고 요즘 나오는 새로운 게임들에 필요한 보조 카드와 그에 상응하는 이름들까지 추가했던 것이다.

이처럼 당신은 수첩에서 수신자의 전화번호를 확인하는 척한 후, 종이 위에 전화번호, 그의 성(N), 그리고 그의 이름(여기서는 줄리앙)을 적는다. 그리고 그 종이를 전화 걸 사람에게 준다.

이렇게 해서 텔레파시의 수수께끼를 푸는 데 필요한 모든 요소를 다 갖춘 사람의 수는 단 한 명으로 한정된다. 전화를 걸러 간 사람은 그가 이미 주어진 다른 정보들 외에 수신자의 이름까지 갖고 있다는 사실을 다른 사람들에게 알려줄 생각은 거의 하지 않기 때문이다. 사실 이런 생각은 그의 머리에 떠오르지조차 않을 것이다. 왜냐하면 그는 자신이 다른 사람보다 더 많은 정보를 가지고 있다고는 꿈에도 생각하지 못할 것이기 때문이다.

아무튼 당신은 그가 전화를 걸러 방을 나설 때, 그와 동행하면서 지나가는 말처럼 그에게 수신자의 이름을 슬쩍 말할 수도 있을 것이다. 그리고 당신은 당신 자리로 돌아와, 역시 아무렇지도 않은 어조로 다음과 같이 말할 것이다. "좋아요! 이젠 여러분들이 뽑은 카드에 정신을 집중해야겠소."

당신은 아무것도 걱정할 필요가 없다. 당신의 동료 N은 자신의 전화기 옆에 이름들이 적힌 리스트를 펼쳐놓고 있을 것이기 때문이다. 그가 텔레파시를 발휘하기 위해 머리를 쥐어짤 필요는 전혀 없다. 그는 단지 조금 망설이는 체하다가, 띄엄띄엄, 그리고 약간 천천히 카드의 종류를 말하기만 하면 된다. 이 때 사용될 대화의 시나리오에는 여러 가지가 있을 수 있는데, 다음이 그 한 예이다.

— 안녕하세요. 니베Nivet씨와 통화하고 싶은데요(어라! 이 사람 이름을 말해야 하는데, 성만 말하고 있잖아!).

— 누구 말이죠? 분명히 니베씨 집이 맞긴 합니다만, 형제들이 좀 많아서……

— 저…… 텔레파시 한다는 분 말이에요(으이구…… 이 사람 아직도 이름을 말 안하네). 지금 우리가 실험을 하나 하고 있는데요……

— 아, 사실 우리 가족은 모두 텔레파시 능력을 조금씩은 갖고 있어요.

— 제가 통화하고 싶은 분은 줄리앙 니베씨입니다(휴……).

— 아, 전데요!

보다시피 너무나 간단하다! 한 가지 여러분에게 충고하고 싶은 것은 이름 리스트 가운데, 당신의 진짜 동료 이름 몇 개를 넣어두라는 것이다. 어쩌다 그들의 이름에 해당하는 카드가 뽑히기라도 하면, 당신의 승리는 그야말로 식은 죽 먹기가 될 것이다. 당신은 신나게 다음과 같이 말하기만 하면 된다. "자, 그 사람 이름을 줄테니 여러분이 직접 전화번호부에서 그 친구 번호를 좀 찾아주실래요?" 이렇게 되면 당신이 조금도 개입할 필요 없이 당신 친구들이 스스로 수신자의 전화번호와 이름을 찾아줄 것이다.

또 한 가지 충고하고 싶은 것은(유비무환!) 그 어떤 종류의 카드에도 미리 대비를 해놓으라는 것이다. 예를 들어 보통 카드 대신 타로 카드로 시범을 보여달라는 경우가 생길 수도 있다(사실 이런 일은 매우 빈번히 일어난다). 이 경우엔, 위에서 본 일반 카드 리스트에다 타로 카드만의 고유한 카드들, 즉 4장의 기사(騎士)패, 그리고 21장의 으뜸패에 해당하는 이름들을 함께 적어놓기만 하면 된다. 이 모든 이름들을 당신의 수첩 중 당신이 선택한 동료의 성의 첫 글자에 해당하는 난에 모두 적어놓으라(예를 들어 그의 성이 N으로 시작하면, N자 색인표가 있는 페이지에 구체적인 성은 적어놓지 말고 문제의 이름들만 죽 적어놓는다). 그렇다! 이 동료의 두뇌는 당신의 두뇌와 그야말로 완전히 동일한 주파수로 맞춰져 있을 것이다! 또 가능하다면 이 리스트의 사본 하나를 당신의 전화기 옆에 항상 비치해두라. 왜냐하면 당신의 동료 역시 당신처럼 자신의 텔레파시 능력 시범을 보여주고 싶을 때가 있을 것이고, 그 때마다 당신은 그를 도와줄 수 있을 것이기 때문이다.

쉽고 고통 없는 파키르 마술

국경 없는 공중부양

1930년대 중엽, 인도의 마드라스에는 정신력 시범을 보여주는 수바야 풀라바르라는 이름의 브라만 승려가 있었다. 그런데 그가 택한 종목은 바로 공중부양이었다. 그의 조수들이 커다란 장막을 들어 가리고 있으면, 그 뒤에서 우리의 브라만 승려는 뭘 하는지 열심히 부시럭거리곤 했다. 잠시 뒤 장막을 거두면 사람들은 지팡이 위에 팔을 기댄 채 공중에 두둥실 떠 있는 승려를 발견할 수 있었다.

하지만 공중부양 능력은 인도인들만의 전유물이 아니다. 1930년대 이전의 유럽에서도, 비록 인도인의 그것보다는 덜 이국적이지만 훨씬 더 멋진 공중부양 시범을 구경할 수 있었다. 예를 들어 장외젠 로베르-우댕이라는 마술사는 1849년, 10월 초에 이른바 '에테르 공중부양'(그림 2-7)을 선보였고, 이것은 곧바로 장안의 화제가 되었다.

1849년, 세간의 화제는 에테르와 그것의 활용 방안이었다. 그 사실을 잘 알고 있던 이 마술사는 자신의 마술의 효과를 높이기 위해 당시 사람들이 에테르에 보인 열광적 관심을 이용해야겠다고 생각했다. 다음은 그가 자신의 마술에 관해 직접 쓴 소개문이다.[8]

나는 소르본 대학 교수들만큼이나 진지한 어조로 말했다. "신사 여러분! 저는 얼마 전 에테르의 새로운 속성을 발견하게 되었습니다. 이 액체를 농축시켜 가장 순수한 상태로 만든 뒤, 어떤 생물로 하여금

그림 2-7

그것을 마시게 하면, 그 생물의 몸이 당장에 풍선처럼 가벼워진다는 사실을 말입니다."

　이렇게 설명을 마친 후, 나는 직접 시범을 보여주었다. 나는 나무 벤치 위에 등받이가 없는 작은 의자 세 개를 올려놓았다. 그리고 가운데 있는 의자에 나의 아들을 올라가게 한 후, 두 팔을 활짝 펴게 했다. 그리고는 양쪽 의자 위에 올려진 두 개의 지팡이로 아들의 몸을 받쳐서 아들을 공중에 떠 있게 했다. 이때 나는 유리병의 뚜껑을 열어 그 안에 있는 무언가를 조심스럽게 아이의 코 속에 집어넣는 시늉을 했다. 사실 그건 속에 아무것도 들어 있지 않은 빈 병에 불과했다. 단지 무대 뒤에서 뜨거운 철제 삽으로 에테르를 던져 홀 안 가득 연기가 피어오르게 했을 뿐이었다. 이에 나의 아들은 금방 잠이 들었고, 그의 발은 가벼워져 의자를 떠나 공중에 떠오르기 시작했다.

작업이 성공적으로 진행되고 있다고 판단한 나는 살며시 가운데 있는 의자를 빼냈고, 이제 아이는 단지 두 개의 지팡이에만 의지한 채 떠 있게 되었다. 이 기묘한 균형이 만들어낸 놀라운 광경에, 벌써부터 홀 안의 관중들은 술렁거리기 시작했다. 그러다 다리 쪽을 받치고 있던 지팡이와 의자마저 빼내자 관중들의 놀라움은 더욱 커졌다. 마침내 내가 손가락 끝을 이용해 아들을 수평 자세로 공중에 올린 후, 그런 자세로 공중에서 자게 놔두고, 마치 중력의 법칙을 조롱하듯 의자들과, 지팡이와 인체가 이루어낸 이 불가능한 구조물 아래를 받치고 있는 벤치의 다리들을 치우자 관객들의 경악은 절정에 달했다.

에테르를 이용했다는 이 공중부양 광경은 아름답기 그지없다. 하지만 사실상 프랑스의 마술사보다도 먼저 공중부양을 했던 것은

그림 2-8

인도의 브라만 승려들이었다. 셰샬이라는 이름의 브라만 승려는 우리의 "마술사 겸 물리학자 겸 기술자"(이것이 로베르-우댕이 자신을 소개할 때 사용한 칭호였다)보다 몇 해 일찍 자신의 능력을 펼쳐보인 바 있다. 이 인도 승려는 "대나무 지팡이와 가젤 영양 가죽" 위에서, 즉 아주 약한 재질의 물건들을 유일한 지탱물로 삼아 공중부양을 해보였던 것이다.[9] 놀랍지 않은가?

물론 그가 서서히, 그리고 위엄 있

게 공중으로 떠올라, 그림 2-8
과 같은 높이에까지 이르는 모
습을 본 사람은 아무도 없었다.
마찬가지로 그가 천천히 땅에
까지 내려오는 모습을 본 사람
역시 아무도 없었다. 하지만 공
중에 떠 있는 그의 모습은 보는
이들을 압도했다. 그 모습은 중
력의 노예인 우리 몸을 마음대
로 통제할 수 있는 도인(道人)
의 전능한 정신력을 확인시켜
주었던 것이다.

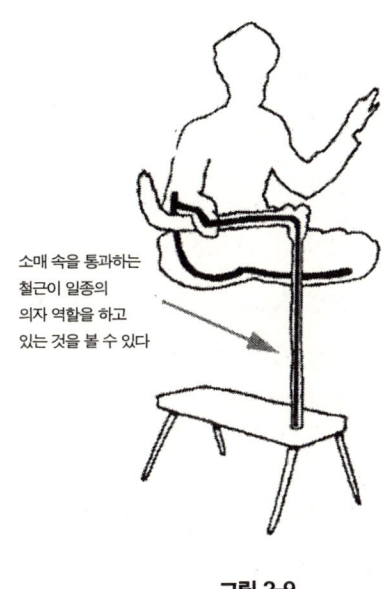

소매 속을 통과하는
철근이 일종의
의자 역할을 하고
있는 것을 볼 수 있다

그림 2-9

하지만 여기서는 이 공중부양에 대한 더 이상의 상세한 설명은
생략하도록 하겠다. 그 대신, 1833년에 출간된 잡지《마가진 피토
레스크Magazine Pittoresque》제16호가 이 공중부양에 대한 비밀을
파헤치고 있다는 것을 밝히며 설명을 대신하기로 한다.

심 장 박 동 마 술

만일 당신이 친구들에게 앞에 나온 마술의 비밀을 설명해줄 수
있었다면, 당신은 그들에게 보다 차원 높은 마술을 해보이는 데 있
어 유리한 고지를 점하게 된 셈이다. 왜냐하면 누군가에게 어떤 신
비스런 현상의 비밀을 설명해줄 수 있을 경우, 그의 신뢰 또한 쉽사
리 얻게 되기 때문이다. 이 때 당신은 기회를 놓치지 않고 다음과

같이 점잖게 한 마디 던져주는 것이 좋다. 이런 종류의 마술은 진정한 도인들의 명성을 먹칠하는 하찮은 속임수에 불과하며, 진정한 도인이라면 진지하게 정신과 육체의 깊은 곳을 연마하여, 내부의 잠재적 능력들을 개발하는 데 전념할 뿐이라고……

당신은 여행하는 중에 이 도인들 중 한 명을 실제로 만난 일이 있다고 말한다. 하지만 이런 말을 하기 위해 그런 여행을 직접 할 필요는 없다. 예를 들어, 쇄를 거듭하며 여전히 잘 팔리고 있는 베스트셀러 『제3의 눈』의 저자, 그 유명한 롭상 람파의 본명은 시릴 헨리 호스킨스인데, 그는 사실 티베트인이 아니다. 심지어 그가 티베트에서의 체험을 적었다는 이 책을 출간한 해인 1958년에도, 그는 티베트 땅을 밟기는커녕 그의 조국(영국) 밖으로 나간 적조차 없었다.

당신은 계속 말한다. 당신이 만난 그 도인은 당신에게 몇 개의 초능력을 전수해주었으며, 당신의 생명 에너지를 몸의 경락을 따라 자유자재로 운행하는 법을 가르쳐주었다고. 그 결과 당신은 심장마저 컨트롤할 수 있다고(아직은 초보자라 서툴지만). 단지 정신력만으로 심장을 멈추게 할 수도 있다고……

사람들은 혹은 놀라고, 혹은 입가에 엷은 미소를 띄우고, 혹은 의심스런 표정을 짓기도 할 것이다. 그러면 당신은 다음과 같이 말한다. "이것은 매우 어렵고도 피곤한 작업입니다. 극도의 정신 집중이 필요합니다. 특히 외부의 소음에 의해 방해받아서는 안 됩니다. 하지만 지금 한번 시도해보겠습니다. 제가 '시도'라는 표현을 쓴 것은, 지금과 같이 완벽하지 못한 조건 속에서 성공할 수 있을지 저

스스로도 확신이 없기 때문입니다." 등등.

그리고 당신은 사람들에게 당신의 몸을 검사할 한 사람을 직접 뽑으라고 말한다. 거기 모인 사람들이 당신의 몸을 검사할 사람을 지명하고 나면, 그를 당신 곁에 와서 앉게 한다. 당신은 아무 말 없이 정신 집중을 시작하며 그에게 당신의 왼쪽 손목을 내밀어 그로 하여금 맥박을 짚게 하고, 그런 식으로 당신의 심장 박동을 검사하게 만든다. 당신은 여러 차례 심호흡을 한 후 눈을 감은 채 깊고 깊은 명상 속으로 빠져든다.

시간은 흐르고, 방 안에는 깊은 정적이 감돈다…… "세상에, 이 사람의 심장이 정말 멎었어요! 심장이 더 이상 뛰지 않아요! 조금도 뛰지 않는다구요!" 당신의 심장 박동을 검사하던 사람이 이렇게 소리친다. 그리고 다시 시간이 흐른다…… "벌써 1분이 넘었어!" 검사자는 손에 든 시계를 쳐다보며 말한다. 이제 당신은 극도의 피로에 의해 녹초가 되어 있다. 당신은 사람들에게 잠시 휴식을 취할 수 있게끔 자신을 자리에 좀 앉혀달라고 부탁한다. 완전히 녹초가 되어 있지만, 당신은 만족하지 않을 수 없다. 왜냐하면 당신이 보여준 엄청난 정신력 묘기가 사람들에게 불러일으킨 놀라움과 경악과 찬탄의 표정들을 둘러볼 수 있기 때문이다.

곧이어 사람들의 질문이 쏟아진다. 당신은 기꺼이 당신이 행한 머나 먼 땅으로의 여행과 현자와의 만남, 횃불과 호롱불이 어른거리고 긴 향들이 천천히 타오르던 지하 성지에서 당신이 경험한 수행들에 대해 이야기해준다.

그러나 이 대목에서 당신의 이야기를 중단하고, 당신이 입은 양

복자락을 열거나 스웨터를 벗어, 당신 셔츠의 왼쪽 겨드랑이 부분에 핀으로 고정시킨 조그만 고무공 하나를 보여줄 수도 있다. 그리고 사람들에게 이 공에 대고 겨드랑이를 꼭 누르면 정맥이 막혀 심장 박동이 거의 제로에 가깝게 된다는 사실을 설명해줄 수도 있다. 그리고 이 모든 것들은 엄청난 훈련이나 초인적인 정신력 같은 것이 전혀 필요치 않은 매우 간단한 일이라는 사실도……

여기서 사람들을 속이는 비결은 그들로 하여금 심장 박동과 손목의 맥박을 동일한 것으로 여기게 하는 데 있다. 사람들이 '신발털이개 효과'라고 부르는 이것은, 어떤 말을 그 말이 원래 지시하는 사물과는 다른 사물을 지시하는 데 사용하는 것을 말한다. 그렇다면 이 '신발털이개 효과'라는 괴상한 명칭의 유래는 무엇인가. 독자 여러분은 "여기에 당신의 '발'을 터시오"라는 글귀가 적힌 안내판을 본 적이 있을 것이다. 하지만 언제 우리가 먼저 신발이나 양말을 벗고 신발털이개 위에 '발'을 턴 적이 있었던가?

어 린 시 절 의 추 억

몇 년 전 이 책의 저자 중 한 명이 편지를 한 통 받았는데,[10] 그 편지는 파키르*들이 즐겨 행하는 또 다른 묘기의 숨겨진 비밀에 관해 말하고 있었다. 편지를 쓴 분은 그의 어린 시절, 그러니까 1927년 경, 자신으로 하여금 아마추어 파키르가 되게 만든 어떤 경험에

---

* 원래는 걸식으로 살아가며, 대중 앞에서 고행을 행하는 브라만교나 회교의 탁발승 또는 고행승을 말한다. 그런데 일상적인 프랑스어에서는 길거리에서 행인들에게 점술, 최면술, 이국적인 각종 마술, 차력술 등을 보여주며 살아가는 떠돌이 공연가를 뜻한다. ─ 옮긴이

대해 이야기해주었다.

이 시절 내 부친께서는 인근에서 가장 큰 식료품점을 갖고 계셨지요. 어느 날 동네에 '파키르'가 한 명 왔는데, 그 사람은 일주일 내내 거기 머물며 유리 조각들이 잔뜩 깔린 침대 위에 드러눕기도 하고, 또 어떤 (이름이 들로네 부인인지 누군지 하는) 집달리가 봉(封)하는 궤짝 속에 갇혀 있는 묘기 같은 것들을 보여줬지요. 그런데 어느 날 파키르의 조수들이 식료품을 사러 우리 가게에 들렀어요. 나는 그들을 쫓아갔는데, 깨진 병들이 잔뜩 있는 어떤 창고로 가더라구요. 거기서 그들은 두 개의 자루 속에 깨진 병 조각들을 가득 채우고, 세 번째 자루에다는 병 조각들을 반 정도 채운 후 두 사람이 자루의 양쪽을 붙잡고 힘차게 뒤흔들더군요. 내가 왜 그렇게 하냐고 묻자 그들은 "이렇게 해야 무디어질 거 아냐. 우리 단장님은 날카로운 유리 조각 위에 여러 날 누워 있을 만큼 멍청하진 않단 말씀이야……"라고 말했죠. 봉해진 궤짝의 경우, 단지 위쪽만 봉해졌을 따름이고 아래쪽 면은 미닫이로 열 수가 있어서, 조수들 말에 의하면 "단장님은 보통 사람들처럼 집에 가서 저녁식사도 하고 침대 위에서 잠도 잘 수 있다"는 것이었습니다!

즉 파키르에게는 유리 조각들이 깔린 침대 위에 맨몸으로 눕는 것이 누워서 떡 먹기보다 쉬운 일이었다. 마찬가지로 못들이 잔뜩 박혀 있는 널판지 위에 몸을 눕히는 것 역시 누구라도 할 수 있는 손쉬운 일이다. '신비적 현상들과 과학적 방법론'이라는 이름으로 니스-소피아 앙티폴리스Nice-Sophia Antipolis대학에 개설된 진리 탐구법[11] 강좌를 수강하는 학생들 역시 여러 차례 직접 그런 실험들을 해보았다. 몸을 던져 이 같은 실험을 직접 해볼 용기만 있다면, 사실상 이 실험에 위험이란 조금도 (혹은 거의) 존재하지 않는다는 것을 알 수 있다.

그런데 한 가지 조건이 있다면, 그것은 널판지 위에 박힌 못의 수가 충분히 많아야 한다는 것이다. 못 박힌 널판지 묘기의 모든 비밀은 바로 거기에 숨어 있기 때문이다. 못의 수가 많으면 많을수록 널판지는 눕기에 더욱 편안해진다. 그 누구도, 심지어는 인도에서 온 위대한 파키르조차도 한 개, 혹은 두 개의 못 위에는 누울 수 없다. 하지만 못의 수가 충분히 많아 못 사이의 간격이 촘촘해지면 각 못에 가해지는 압력이 분산되고 작아져서, 못은 결코 몸을 꿰뚫을 수 없다. 따라서 그 위에 눕는 것은 전혀 문제가 되지 않는다.

아픈 것은 아픈 것이다

만일 못 침대 묘기가 너무 시시하다고 생각한다면, 주변 사람들을 정말로 깜짝 놀라게 해줄 수 있는 묘기를 하나 소개하겠다. 일단 길다란 강철 바늘을 하나 들고, 당신의 입을 딱 벌려라. 그리고 혀를 쑥 내민 다음 그림 2-10에서 이 책의 저자 앙리 브로크가 하고 있는 대로 따라해보라.

정말 당신은 이 묘기를 시도해보고 싶은가? 혀 한가운데에 이 길다란 바늘을 푹 꽂아넣고, 그 결과를 사람들에게 보여주고 싶은가? 당신에게 그걸 하라고 강요하는 사람은 아무도 없으니, 그냥 당신이 하고 있던 독서나 편안히 계속하는 게 좋지 않을까? 하지만 사람들에게 파키르의 초능력을 보여주고 싶은 욕망으로 몸이 근질거

린다면, 자신을 약간 희생할 줄도 알아야 한다. 찔러넣을 때의 동작
은, 그림 2-11이 보여주는 것과 같은 고통스런 상태가 되었을 때 내
뱉는 신음 소리와 마찬가지로 신속하고도 힘차야 한다.

혹시 얼마든지 고통을 참아내겠노라 각오하고 있는 분이 계시다
면…… 또 이런 끔찍한 광경을 보고도 구경꾼들이 기절하지 않을
거라고 믿는 분이 계시다면…… 이런 분들에게 우리가 드리고 싶
은 충고는……

제발 이런 식으로는 실험하지 말아달라는 것이다. 부디 그림 2-
12가 보여주는 그런 형태의 바늘을 사용하라. 이 묘기의 비밀은 가
운데 부분이 U자 형으로 구부러진 특수한 바늘의 형태 속에 숨어

그림 2-10

© H. Broch

있다.

　물론 처음에는 평범한(즉 완전한 직선 형태인) 바늘을 가지고 묘기를 시작한다. 우선 당신은 이 평범한 바늘을 사람들에게 보여주어 그것이 정말로 반듯하다는 사실을 알린다. 그리고 나서는 그것을 슬쩍 바꿔치기한다. 이 때 바꿔치는 방식은 당신이 원하는 대로 선택할 수 있다. 예를 들어 바늘을 슬쩍 떨어뜨린 후에 가짜를 주워올릴 수도 있다. 혹은 소독하기 위해 바늘을 닦는 척한다. 이 때 '다음 시범에 필요한' 다른 바늘들도 함께 닦는다. 물론 당신이 시범을 보이기 직전에 닦는 바늘은 바로 그 U자 형 바늘이어야 한다.

　이 바꿔치기에는 약간의 숙련된 기술이 필요하며, 이른바 '주의

그림 2-11

© H. Broch

흐리기' 기술, 즉 정작 중요한 일이 일어나는 부분이 아닌 다른 곳으로 구경꾼들의 주의를 쏠리게 하는 기술이 필요하다. 또 당신이 시범을 시작할 때, 엄지와 검지로 굽은 부분을 잡으면 바늘은 완전히 위장될 수 있다.

거울 앞에 서서 얼마 동안 연습해보라. 그러면 당신은 바늘의 U자 형 홈 속에 당신의 혀를 사람들이 알아채지 못하게 슬그머니 끼워넣는 것이 그다지 어려운 일은 아니라는 사실을 깨닫게 될 것이다. 구경꾼들이 공포에 질려 짧은 비명을 내지른다면, 그 때는 당신의 묘기가 성공했음을 확신해도 좋다.

만일 좀 더 인상적인, 혹은 좀 더 무시무시한 묘기를 해보이고

그림 2-12

© H. Broch

75

싶다면, 눈 하나 꿈쩍하지 않고·날이 시퍼런 칼로 당신의 팔뚝을 썩썩 난도질하는 시범도 보여줄 수 있다. 이건 너무나도 간단하다! 사실 이 묘기는 아주 오래 전부터 수많은 사람들이 해오던 트릭으로 그 비밀은 다음과 같다. 우선 유황 시안산염과 염화철, 두 종류의 용액을 준비하라. 그리고 팔뚝 위에 염화철 용액을 바른 후, 칼날에는 유황 시안산염을 바르고 팔뚝을 내리쳐라. 칼날이 닿는 곳에는 길고 시뻘건 핏자국들이 나타날 것이다. 그러면 당신은 수건으로 핏자국을 훔쳐낸 후, 이 모든 상처와 흉터마저도 순식간에 없애버리는 세포 재생 작용까지 가능하게 하는 당신의 위대한 정신력을 보여줄 수 있을 것이다.

그림 2-13

어둠 속의 촛불

우리가 위에서 본 트릭은 이 분야에 있어서는 고전에 속한다. 그림 2-13을 통해 알 수 있듯, 이 트릭은 지금으로부터 200여 년 전에 출간된 책에도 그 설명이 수록되어 있다.

그림 2-13에서 우리는 머리, 몸통, 팔 등을 관통할 수 있는 각종 도구들을 볼 수 있다. 그런데 이 고전적 트릭의 역사는 200년 전보다 훨씬 더 이전으로 거슬러 올라간다. 우리는 당시의 마술사들과 그들이 지닌 이른바 '초자연적' 능력을 주제로 씌어진 설명과 그림을 16세기의 한 저서에서도 찾아볼 수 있다. 1584년에 출간된 이 책의 제목은 『가면을 벗긴 사악한 마술*La Sorcellerie démasquée*』[12]이다. 이 책의 저자 레지널드 스콧Reginald Scot은 지금은 사람들 사이에서 잊혀졌지만, 사실 그 이름이 후세에 길이 남아야 할 사람이다.

그런데 위에 명기된 이름의 철자는 사실 정확한 것이 아니다. 그의 무덤이 있는 곳으로 추정되는 영국 브래번의 성처녀 마리아 교회에 있는 동판에는 두 개의 t자를 포함한 이름, 즉 Scott라는 이름이 새겨져 있기 때문이다. 그리고 스콧 가문은 수세대에 걸쳐 이 철자를 사용했다고 한다.[13] 또 신빙성 있는 여러 문헌들에 따르면 스콧은 자기 이름을 Scott로 표기했다고 한다. 그는 적어도 1538년 이전에 출생했으며, 1599년 10월 9일 사망했다.

레지널드 스콧은 진정 '어둠 속의 촛불'[14]이라는 표현을 체현한 사람이었다고 할 수 있다. 게다가 그의 책 『가면을 벗긴 사악한 마술』은(이 책은 마술의 여러 트릭들을 소개하고 있는 20여 페이지 덕분에 마술사들 세계에서는 아주 유명하다) 매우 특별한 운명을 겪게 된다. 이 책은 기독교 교단과 교인들에 의해 저주받았으며, 영국의 제임스 1세는 이 책의 소각을 명했다.

『가면을 벗긴 사악한 마술』은 매우 대담한 책이라 할 수 있는데, 그것은 이 책이 당대의 미신, 특히 사악한 마술의 신비를 벗기겠다는 목적으로 씌어진 합리적 성격의 학술서였기 때문이다. 당시 사회가 그토록 악착스럽게 이 책을 없애려고 한 이유를 이해하기 위해서는, 스코틀랜드의 제임스 6세(나중에 영국의 제임스 1세가 된 사람) 자신이 1597년 악마학*에 관한 극히 미신적인 책을 저술했다는 것을 상기하는 것으로 충분할 것이다.

회의주의를 굳건한 기본 원칙으로 삼고 과학적인 연구, 분석 방법을 이용해 책을 집필한 스콧의 야심은 무지몽매함 속에 빠져 있던 당시의 사람들, 특히 재판관들의(이들이야말로 소위 마녀, 혹은 마술사라고 불리는 사람들의 운명에 대한 결정권을 쥐고 있었기 때문에) 눈을 뜨게 해주는 것이었다. 특히 당시 마술사들이 사용했던 수많은 테크닉들을 20여 페이에 걸쳐 설명하고 있는 이 책의 제13장은, 그 정보의 양과 질에 있어서 유례를 찾아볼 수 없을 만큼 탁월하다. 여기서 언급된 마술 중 대다수가 지금까지도 많은 마술사들이 즐겨 공연하는 레퍼토리로 남아 있다.

컵을 이용하는 마술(동전이나 조그만 공 따위가 이 컵에서 저 컵으로 신비스럽게 옮겨 다니는 것), 동전을 이용하는 마술(동전이 사

....
*당시 유행하던 마녀사냥을 위한 근거로 마녀, 혹은 마술사들의 마술이 인간적인 트릭에 의한 것이 아니라, 실제 악마의 개입에 의한 것이라는 논리를 폈다. ─ 옮긴이

그림 2-14

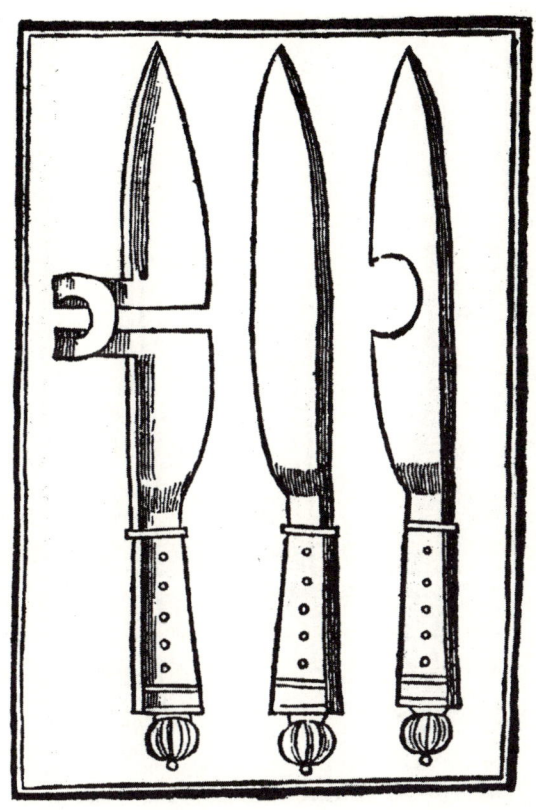

라지거나 나타나는 것, 땅바닥 위로 동전이 움직이는 것, 단지 속에 있던 동전이 펄쩍 뛰어나오는 것, 그리고 양쪽 모양이 똑같은 동전을 만드는 방법까지……), 노끈을 콧구멍, 입, 혹은 손 안에 집어넣어 다른 곳으로 빠져나오게 하는 마술, 긴 줄에 꿰어진 진주알들을 줄의 양 끝을 붙잡은 채로 빠져나오게 하는 마술, 칼을 팔이나 혀 한가운데로 관통시키거나 코를 자르는 마술(그림 2-14 참조) 등등.

그림 2-15

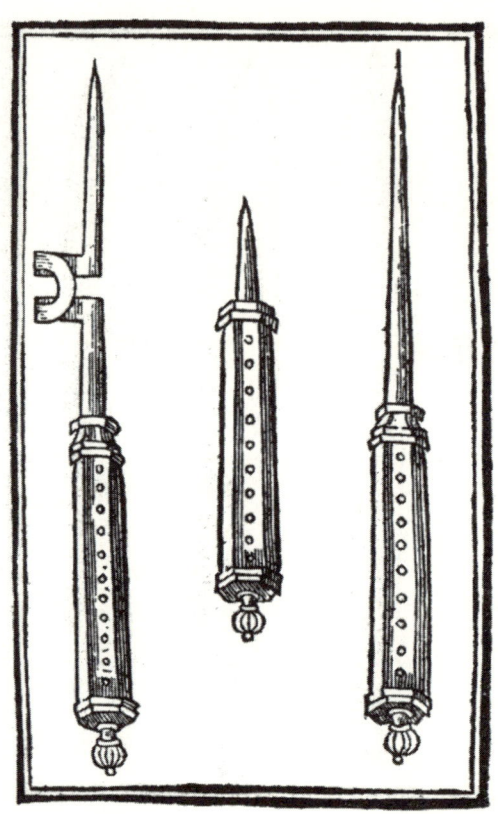

그림 2-14의 왼쪽에 있는 칼은 혀에 이용하는 것인데, 이 U자 형 홈이 좀 더 커지면 팔에도 사용할 수 있다. 오른쪽에 있는 칼은 코에 사용하는 것이며, 중앙에 있는 것은 보통 칼인데, 앞에서도 말했듯 공연이 시작될 때와 끝날 무렵에 보여주기 위한 것이다. 이 밖에도 스콧은 머리나 혀를 통과하는 송곳 등, 마술에 필요한 모든 것을 묘사하고 있다.

그림 2-16

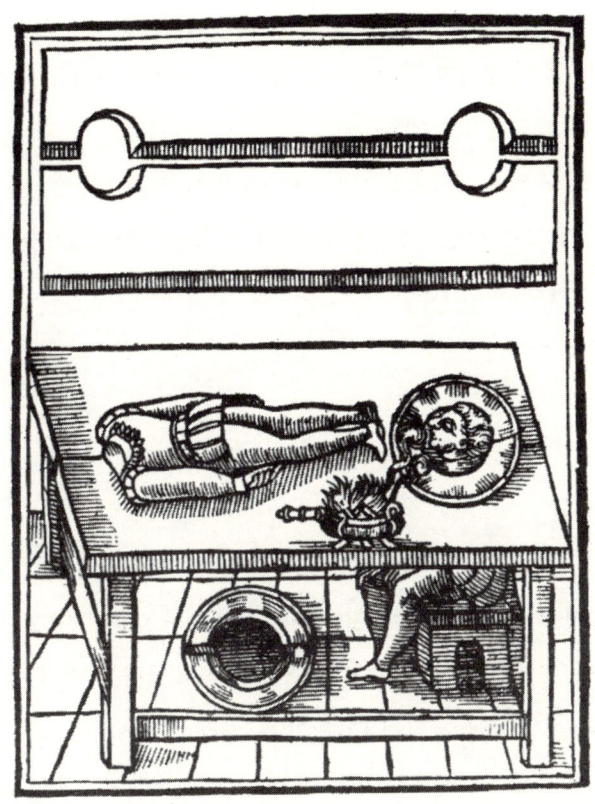

그림 2-15의 왼쪽에 있는 것은 혀에 사용하는 송곳이고, 중앙에 있는 것은 날 부분을 누르면 손잡이 속으로 날이 밀려들어가게 특수 제작된 것이다. 오른쪽에 있는 것은 공연의 처음과 마지막 부분에 그것이 얼마나 날카로운가를 보여주기 위해 가죽 같은 것을 뚫는 데 사용하는 송곳이다.

이처럼 바늘로 혀를 관통하거나, 칼로 팔뚝을 내리치는 것이 좀 약하다고 느껴지는가? 그렇다면 좀 더 강력한 것을 소개하겠다. 바로 목을 자르는 묘기이다. 스콧이 '세례 요한의 참수(斬首)'라고 이름 붙인* 그 마술 말이다. 스콧은 자신의 책에서 사람의 목을 잘라 쟁반 위에 올려놓았는데도, 어떻게 그 목이 여전히 살아 움직이며 말까지 할 수 있는지, 그 숨겨진 비밀을 밝혀주고 있다.[15]

한 장의 그림이 장황한 설명보다 훨씬 나을 때도 있으니, 원본에 수록된 삽화(그림 2-16)를 보는 것으로 만족하기로 하자.

시뻘건 숯 위로 걸어가기

이제 여러분은 어디에 내놓아도 손색 없는 훌륭한 파키르가 되었다. 하지만 우리는 이야기할 것이 더 남았다. 이제 우리는 지금까지 습득한 초능력보다 더 특별한 초능력을 요구하는 마술, 즉 불 위를 걸어가는 엄청난 능력에 대해 이야기하려 한다.

불에 달궈진 숯, 혹은 시뻘겋게 달아오른 돌멩이 위를 걷는 이런 유형의 묘기는 아주 오래 전부터 여러 나라에서 행해져왔다. 그리고 요즘 미국과 유럽에서는 주말에 모든 참가자들로 하여금 각자의 '기(氣)'와 '불의 연금술'에 통달하게 만들어준다는 각종 세미나들이 번창하고 있다. 그리고 대개의 경우 이런 모임의 절정은 뜨거운 숯 위를 걷는 것으로 장식된다. 이 때 강사는 다음과 같이 말한다.

....
*살로메의 미움을 사 그녀의 아버지 헤롯왕에 의해 참수당한 세례 요한의 이야기에서 따온 명칭 — 옮긴이

그림 2-17

"강력한 정신의 힘은 우리 인간 육체의 조직에까지 작용하여, 열에 노출되더라도 화상을 입지 않게 해줍니다."

그러나 사실상 비밀은 그림·2-18에 요약된 몇 개의 항목들 속에 숨어 있다. 그것은 다름아닌 시간, 단열(斷熱), 스페로이드 상태, 열 저장 능력, 그리고 열전도성이다.

시간

우리가 정상적으로 땅 위를 걸어갈 때, 발바닥과 지면이 접촉하는 시간은 보통의 선입견과는 달리 극히 짧다. 한 발자국 내딛을 때마다 지면과 접하는 시간은 약 1/2초도 채 되지 않는다. 더욱이 벌건 숯 위를 걸으면서 좋다고 꾸물거리거나, 카메라를 의식해 멋진 포즈를 취하느라 정신 파는 사람은 아마 없을 것이다.

그런데 불판 위에서 꾸물거려서도 안 되지만 반대로 너무 서둘러서도 안 된다. 즉 그 위에서 뛰어서는 안 되는 것이다. 뛰게 되면 자동적으로 우리의 발가락 부분까지도 바닥에 닿게 된다. 이는 곧 뜨거운 부분에 아주 좁은(우리의 몸이라는 동일한 체적을 지탱하는

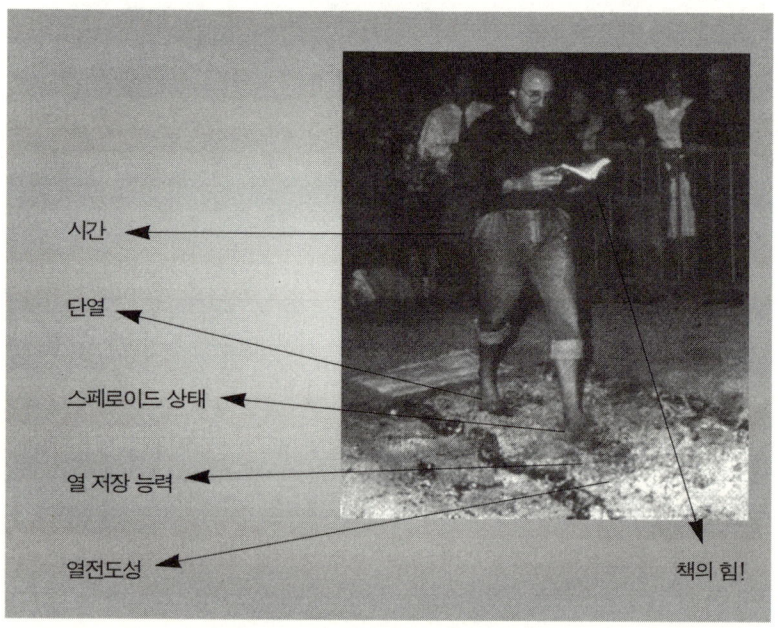

시간

단열

스페로이드 상태

열 저장 능력

열전도성

책의 힘!

그림 2-18

면적, 즉 불판과 접촉되는 면적이 발바닥이 닿을 때보다 더 작아진다), 그리고 가장 예민한 표면을 노출시키는 결과를 가져온다. 일반적으로 발가락 부근의 피부는 가장 섬세하고, 발바닥의 다른 부위에 비해 각질이 훨씬 얇다. 참고로 그림 2-17은 1992년 5월, 이 책의 저자인 앙리 브로크가 시범 삼아 달궈진 숯 위를 걷는 모습을 찍은 사진이다.

단 열

발바닥에 두텁게 형성된 각질에 의한 단열은 유용한(각질은 발바닥을 상당히 보호해준다), 그러나 필수불가결하지는 않은 요소이다. 어쨌거나 여러분에게 실험해보고 싶은 마음이 있다면, 불 위를 걷기에 앞서 각질이 두꺼워질 수 있게끔 몇 주일간 맨발로 돌아다녀보는 것이 좋을 것이다.

스페로이드 상태

불 위를 걷는 데 있어서 스페로이드 상태(다른 말로 하면 '온발포(溫發泡)' 상태)의 역할은 극히 미미하다. 스페로이드 상태란 무엇인가? 이것이 무엇을 의미하는가를 알려면 부엌에서 간단한 실험을 하나 해보는 것으로 충분하다.

전기 열판의 온도를 아주 약하게 해놓고 그 위에 약간의 물을 뿌려보라. 물은 열판 위에 넓게 퍼진 후, 1초도 안 되어 증발할 것이다. 반대로 열판이 최대한 시뻘겋게 된 후, 그 위에 물을 뿌려보라. 물이 당장 기화되지 않는다는 것을 알 수 있을 것이다. 스톱워치를 가지고 한번 시간을 재보라. 당신은 물이 완전히 증발하는 시간을 확인하고 놀라지 않을 수 없을 것이다. 평균 1분 30초 이상이나 걸린다!

그 이유는 열판이 너무 뜨거우면 물이 열판과 직접 접촉하지 않기 때문이다. 즉, 물을 붓는 즉시 물방울 아래에 증기 층이 형성되어 일종의 에어 쿠션과도 같은 역할을 하게 된다. 이 증기 스크린은 말하자면 물방울을 보호하는 역할을 하게 되는데, 이것은 열전도성이 매우 약한 증기가 열판의 열을 물방울에까지 잘 전달하지 못하기 때문이다.

불 위를 걷는 마술사 중에는 스페로이드 상태를 이용하기 위해 시범을 보이기 직전에 발바닥을 물에 적시는 사람도 있다. 물론 발바닥의 임자는 그 사람 자신이기 때문에 우리가 뭐라고 말할 수 있는 형편은 아니지만, 이는 위험한 행위이다. 발이 물에 젖어 있으면 조그만 숯덩이가 발바닥에 달라붙을 수 있고, 이 경우 고통은 훨씬 더 커질 것이기 때문이다.

사실 불 위를 걷는 마술에 있어서 스페로이드 상태는 그렇게 중요한 요소가 아니다. 하지만 다른 종류의 마술에서는 스페로이드 상태가 실제적으로 중요할 수 있다. 예를 들어 용해된 납 속에 손을 푹(하지만 약간 떨리는 것은 어쩔 수 없을 것이다) 집어넣는다든지, 혹은 시뻘겋게 달아 있는 칼날에 혓바닥을 갖다대는 그런 종류의 마술을 할 때에는 스페로이드 상태를 절대 무시해서는 안 된다.•

열 저장 능력과 열전도성

시뻘건 숯 위를 걷는 것을 가능하게 만드는 두 가지 주요 요인은 다음과 같다. 첫째는, 걷는 사람의 발은 매우 양호한 열 저장 능력을 갖고 있는 반면,** 숯은 열 저장 능력과 열전도성이 모두 매우 낮다는 사실이다.*** '열 저장 능력'은 어떤 물체가 에너지를 열의 형태로 저장할 수 있는 능력을 말하고, '열전도성'은 어떤 물체가 다른 물체에게 열을 전달하는 능력을 말한다.

온도를 200℃로 맞춰놓은 오븐 속에서 익고 있는 통닭을 예로 들어보자. 얼마간의 시간이 지나면, 이 오븐 속에 들어 있는 모든 것은 200℃에 달하게 된다. 그런데도 당신은 통닭을 꺼낼 시간이 되면 조금도 두려워하지 않고 오븐 안에 손을 쑥 집어넣을 것이다. 물론 이 때 오븐 속 공기의 온도는 분명히 200℃에 달해 있다! 반면 당신은 통닭에는(이것 역시 200℃이다) 손이 직접 닿지 않도록 매우 조심할 것이다. 특히 통닭이 올려져 있는 철판에는(이것 역시 똑같이 200℃이다) 절대 손이 닿지 않도록 특히 조심할 것이다. 모든 사람이 본능적으로 알고 있는 것이다. 비록 동일한 온도라 할지라도 물질의 종류에 따라 열 저장 능력, 즉 연소점과 열전도 능력이 제각기 다르다는 사실을 말이다. 다시 말해, 통닭은 통닭이 담겨 있는 철판보다는 좀 더 늦게 당신의 살을 익혀 화상을 입힐 거라는 걸.

하지만 독자 여러분 중엔 아직 물리적 차원에서 설명이 충분치 않다고 생각하는 분도 있을 것이다. 자, 그런 분들을 위해 여기 마지막으로 한 가지 비결이 남아 있다. 그것은 바로 '책의 힘'*이다!

요점만 말하자면, 보통 사람이 시뻘건 숯 위를 걸어간다 해도 화상의 위험은 예상보다 적다. 하지만 이 때 주의해야 할 것이 있다! '화상의 위험이 적다'는 말은 결코 '경미한 화상의 위험이 있다'는 걸 의미하지는 않는다는 사실을! 이 문장을 다시 한번 잘 읽어보기 바란다. 여기서 적다는 것의 주어는 화상의 가능성이지, 화상의 정도가 아니다. 만일 당신이 이 실험으로 인해 화상을 입게 된다면…… 그 결과는 보장할 수 없다!

따라서, 불 위를 걷는 것을 설명하기 위해 신비적, 의사(擬似)심리학적, 혹은 초자연적 논리를 동원할 필요는 전혀 없다.** 서로 다른 시대에 살았던 많은 사람들이 '상식을 벗어나는' 다양한 실험들을 시도했으며, 또 성공했다. 일테면 손가락이나 혀로 붉게 달궈진 쇳덩이 건드리기, 붉게 달궈진 철판 위를 맨발로 달리기, 용해된 납, 황동, 혹은 쇳물에 손가락 담그기, 용광로에서 쏟아져 나오는 용해물에 손 씻기 등등.[16]

....

* 이 책의 저자 앙리 브로크는 그림 2-17에서 알 수 있듯 직접 불 위를 걷는 시범을 보여준 바 있는데, 이 때 그는 자신의 저서 『초자연 현상의 본질Au Coeur de l´Extra-ordinaire』 가운데, 바로 이 현상의 비밀에 대해 설명하고 있는 장(章)을 읽으면서 걸었다(이 모든 물리학적 설명을 듣고도 불 위를 걸을 때 여전히 두려운 마음이 생긴다면, 이것을 합리적으로 설명한 책을 읽으면서 확신과 용기를 얻으라는 뜻 — 옮긴이).

** 우리는 여기서 가라테 사범인 앙투안 바가디Antoine Bagady가 1989년에 800℃가 넘는 숯 위를 60미터 넘게 걷고도 아무런 화상을 입지 않았다는 사실을 상기시키고 싶다. 당시 그는 이 사실과 관련해 아무런 신비스러운 능력도 내세우지 않았다.

물론 불 위를 걷다가 화상을 입는 사람도 생길 수 있다. 그러나 화상을 입은 사람이 초능력을 소유했느냐 소유하지 않았느냐의 여부는 화상 자체와 아무런 관련이 없다. 화상을 입는 이유는 현실적으로 이 실험을 구성하는 여러 요소들을 늘 완벽하게 통제하기란 불가능하기 때문이다. 또 우리가 안전에 대해 물리학적으로 납득을 한다 해도, 막상 시뻘겋게 달궈진 숯을 대하면 엄청나게 떨리는 것이 인지상정이다. 사실 우리는 어떤 원리들이 어떤 효과를 가져올 거라는 건 잘 알고 있지만, 그렇다고 위험을 최소한도로 줄이기 위해 구체적인 상황에서 취해야 할 세부적인 절차들까지 모두 알고 있는 것은 아니다. 게다가 주위에 둘러선 구경꾼들이 한 마디씩 던지는 말은 공포로 얼어붙은 당신을 위로해줄 그런 성질의 것은 결코 아닌 듯 싶다. "만일 실패할 경우, 내가 자네 휠체어를 밀어줄 거라고는 절대 기대하지 말게!"

이처럼 불과 열을 이용한 시범은 불안한 점이 없지는 않지만, 적어도 초능력을 갖고 있다고 호언장담하는 사이비 교주 같은 부류들을 골탕먹이는 효과에 있어서만큼은 확실하다. 예를 들어 초자연적인 능력을 지니고 있어서 불을 이겨낼 수 있다고 주장하는 이 자칭 도사들에게 숯불과 동일한 온도의 편편한 동판 위에 아주 잠시 동안만이라도* 맨발로 서 있어보라고** 제안해보라. 그들이 혹시 도사면 모르나 미친 사람들이 아닌 이상, 슬금슬금 어디론가 도망칠 게 분명하다!

---

* 단지 그들이 숯판 위를 걸어서 통과할 때 걸리는 그 시간 동안만이라도!
** 그 위에서 걸으면 피곤할 테니 그냥 서 있는 것이 어떻겠느냐고 말해준다.

물체 구부리기 시범

다음과 같은 상황을 상상해보자. 당신은 지금 교수이며, 200여 개의 좌석들이 부채꼴 모양으로 배치되어 있는 대형 강의실로 들어간다. 학생들 앞에서 당신은 '정신의 놀라운 능력들'이라는 제목의 약간은 특별한 강의를 시작한다. 이미 수많은 심령술사들이 보여준 바 있는 놀라운 정신력에 대해 확신에 찬 어조로 설명하고 난 후, 화제를 슬쩍 돌린다. 그런데 도대체 왜 우리는 그런 능력을 가질 수 없습니까? 왜 이 능력은 이른바 선택된 자나 심령술사만의 전유물이어야 합니까? 열쇠나 조그만 스푼 따위를 구부리기 위해서 정말 남다른 신경세포를 지니고 있어야 합니까? …… 당신의 강의는 이런 식으로 진행되어 나간다.

— "정신력만으로 금속체를 휘게 하는 일, 조금만 훈련하면 우리
   도 그렇게 할 수 있습니다…… 자, 모두 함께, 지금 여기서
   그 실험을 해봅시다."

당신은 손에 조그만 금속 조각을 들고* 그것을 빙 돌리며 사람들에게 보여준다.

— "이제 이 조그만 철사 조각을 가지고 실험을 해보겠습니다.

....

* 그런데 당신의 이런 매끄러운 진행에도 불구하고 몇몇 학생들이 당신이 갖고 있는 금속은 도대체 어디서 나온 것이냐고 물어올 수 있다(사실 이 질문은 정곡을 찌른 셈이다). 이런 강의를 하는 도중에, 마침 그런 금속을 불쑥 내놓는 것은 좀 수상해 보일 수 있기 때문이다. 만일 당신이 그런 점에 대하여 염려한다면 다음과 같이 말해도 무방하다. "자, 저는 이 종이들을 묶고 있는 클립을 뽑겠습니다. 그리고 이것을 오늘 실험을 위한 금속 물체로 사용하겠습니다." 이런 식으로 당신은 클립을 뽑고, 마찬가지로 빙 돌려서 좌중에게 보여주면 된다.

여러분 모두가 동의한다면, 우리 모두 이것이 휘어질 때까지 함께 정신 집중을 하는 겁니다. 자, 시작하기 전에 우선 이 철사를 이렇게 마구 휘어놓겠습니다. 제멋대로의 모양으로 만들어놓기 위해서죠."

당신은 철사를 이리저리 마구 구부린다. 당신은 맨 앞줄에 앉아 있는 학생들에게 그들도 나와서 원하는 대로 철사를 구부려달라고 한다. 그들이 그렇게 하고 나면, 당신은 이제 철사 끝을 손에 쥔다.

— "자, 여러분, 이 철사 보이십니까? 모두들 보고 계시죠? 이제 시작해도 되겠습니까? 지금 다 보고 계십니까? 아니라고요? 잘 안 보인다고요? 아, 유감이군요!"

물론 그것을 제대로 볼 수 있는 사람은 별로 없다. 가까운 곳에 앉은 몇몇 학생들을 제외한 나머지가 약 1-2밀리미터 굵기에 20여 센티미터 남짓한 이 작은 철사를 제대로 보기란 사실상 어렵다. 그러면 당신은 대수롭지 않다는 듯한 어투로 다음과 같이 말한다.

— "아, 나에게 좋은 생각이 하나 있어요…… 이것을 환등기 위에 올려놓는 겁니다. 그렇게 하면 강의실 뒤에 앉은 분들이 철사를 볼 수 있을 겁니다. 스크린 위에 철사의 이미지가 크게 확대되어 보일 테니까요."

당신은 구부러진 철사를 환등기 위에 올려놓는다.

— "자, 이제 모두들 정신을 집중하십시오. 이제 우리는 정신적 파장들이 한데 합쳐지면 어떤 결과를 가져오는지 보게 될 겁니다. 이 철사에 대해 생각하십시오! 이 철사에 대해 강하게 생각하십시오!"

그러나 별다른 변화가 일어나지 않는다. 철사줄은 몇 초, 심지어
는 몇 분이 지나도 여전히 움직이지 않는다.

— "결국…… 우리에겐 초능력이 없다는 말인가요? 한 번만 더
　집중해봅시다! 마지막으로 한 번만 더 시도해보자구요. 오로
　지 철사만 생각하십시오!"

이 때, 모든 사람들이 깜짝 놀랄 일이 벌어진다. 사람들이 환등
기에 의해 비친 이미지를 통해 일종의 심령 현상을 목격하게 된 것
이다. 철사는 보일 듯 말 듯 떨리기 시작하다가, 점점 더 분명하게
떨린다. 그리고는 이윽고 휘어지고, 혼자서 천천히 Z자 형태로 비
틀려진다.

이 때 학생들이 본 것은 — 사실 이 현상은 강력한 정신 집중과
는 아무런 관계도 없다 — 이런 용도에 적합한 금속, 즉 '미국해군
병기연구소'가 개발한 니켈과 티탄의 합금인 니티놀Nitinol의 '형상
기억 효과'를 이용한 트릭에 지나지 않는다.

어떤 형상 기억 합금에 원하는 형태를 부여하고, 이 형태를 유지
시킨 채 합금을 가열한다. 그리고 이 합금을 급냉시키면, 이것의 형
태를 마음대로 변화시킬 수 있다. 하지만 이렇게 형태가 변화된 후
에도 합금 내부에는 애초에 부여했던 원래의 형태에 대한 기억이
남아 있어서, 온도가 다시 일정한 수준으로 올라가면, 원래의 형태
를 되찾게 된다. 앞에서 우리가 묘사한 실험의 경우, 형상 변형에
필요한 열기는 환등기 속에 있는 전구로부터 얻는 셈이다.

이 형상 기억 합금은 매우 다양한 용도로 활용되고 있는데, 예를
들자면 다음과 같다.[17]

- 농업용 냉동 보관 창고에 전기 공급이 끊겼을 경우, 그것을 감지해내는 온도 감식기
- 두 금속관을 빈틈없이 꽉 맞물리게 해주는 연결 슬리브. 이 경우, 두 관을 형상 기억 합금으로 만든 슬리브 속에다 집어넣기만 하면 된다.
- 방화 밸브, 화재경보기, 보일러 시스템의 열과 관련한 각종 안전 장치들
- 형상 기억 합금의 뛰어난 탄력성을 이용한 각종 완충 장치. 예를 들어 원자력 발전소에서 사용되는 완충 작용을 하는 단자들도 이 합금으로 만든다.
- 고탄력 안경테. 사고로 인해 안경테가 휘어질 경우, 이것을 물 속에 담그면 원래의 모양으로 되돌아간다.
- 고탄력 치아 교정 브라켓, 치과용 실들. 이것들은 일반적인 브라켓보다 설치가 훨씬 용이하며, 정기적으로 보정할 필요도 없다.
- 의학용 클립. 이것은 골절된 두 뼛조각을 인체의 열을 이용해 서로 단단히 연결시키는 데 사용된다. 낮은 온도에서는 클립이 벌어진 상태로 있으나, 인체의 열을 받으면 클립이 닫힌다.

형상 기억 합금은 심지어 1997년에 지진으로 파손된 이탈리아 아시시Assisi의 성 프란체스코 성당을 앞으로 있을 지진으로부터 보호하는 데에도 사용되고 있다. 사실 형상 기억 합금은 지진과 관련해 가장 흥미로운 활용 가능성을 보여준다. 형상 기억 합금이 지닌

엄청난 유연성은 충격을 완화하고 흡수할 수 있으며, 동시에 그들의 견고함은 건물을 지탱해주는 데 안성맞춤이기 때문이다. 이 합금에 의해 지탱되는 구조물은 일반 강철 골재로 보강된 건물을 파괴할 만큼 강력한 지진에도 거뜬히 견뎌낸다.

그런데 흥미로운 것은 마술사들 역시 이 형상 기억 합금을 즐겨 사용한다는 점이다. 형상 기억 합금을 이용한 최초의 마술 공연은 지금으로부터 약 30여 년 전으로 거슬러 올라간다! 어떤 형상 기억 합금의 한계 온도가 약 25℃ 가량 되면, 당신이 초능력을 지닌 심령술사라는 사실을 증명하기 위해 이 합금을 활용할 수 있는 방법의 가짓수는 엄청나게 늘어난다. 물론 우리가 앞에서 본 바 있는 환등기를 동원한 방법 역시 효과적이라 할 수 있다. 하지만 가장 멋진 방법은 아마도 이 '하찮은 금속 조각'을 당신의 손바닥 위에 올려놓고 변형시키는 마술일 것이다. 당신은 손바닥을 활짝 펴서 그 위에 철사를 올려놓고, 다른 한 손 역시 활짝 펴서 그 위를 덮는다. 그리고 그 상태에서 손바닥에 압력을 일절 가하지 않아도, 즉 '오로지 당신의 정신력에 의해'(물론 여기서 실제로 작용하는 것은 심령술사인 당신이 발하는 염력이 아니라 당신 손바닥이 발하는 열이겠지만) 금속 조각은 뒤틀리고 Z자, 하트, 혹은 용수철 모양 등과 같은 특별한 형태들을 취하게 된다.

하지만 한 가지 주의해야 할 점이 있다! 우리가 지금까지 한 말이 곧 유리 겔러Uri Geller 식으로 열쇠나 수저 등을 구부리는 초능력 쇼에 반드시 형상 기억 합금이 사용되고 있다는 뜻은 아니다. 어떤 심령술사들은 다른 방법으로도 얼마든지 이 같은 능력을 보여줄 수 있다. 그러니 마음만 먹으면 능란한 마술사가 사기극을 벌이는 것쯤은 얼마나 식은 죽 먹기일지 짐작할 수 있을 것이다.

세상에는 거의 예술에 가까운 마술을 구사하는 사람들도 있다. 이 책의 저자 중 한 명은(조르주 샤르파크) 어느 날 센 강변에 위치한 레스토랑에서 식사를 한 적이 있는데, 그곳에서 공연한 마술사의 능란함에 찬탄을 금할 수 없었다. 마술사는 샤르파크가 팔목에 차고 있던 시계를 쥐도 새도 모르게 훔쳤을 뿐 아니라, 다른 많은 손님들의 시계와 지갑들도 감쪽같이 사라지게 했다. 물론 마술사는 이 훔친 물건들을 5분 정도 지나서 다 되돌려주었지만.

사실상 어떤 심령술사는 우리가 설명한 형상 기억 합금을 사용하지 않고도, 구경꾼들에게 열쇠나 수저 같은 것을 빌려달라고 해서, 그것을 슬그머니 구부릴 능력이 충분히 있다. 우리 저자 중의 한 명(앙리 브로크) 역시 그 같은 마술 시범을 학생들에게 보여준 바 있다. 그는 학생들에게 열쇠를 달라고 하고, 아주 짧은 순간 주의를 딴 곳으로 돌린 후, 그들에게 휘어진 열쇠를 되돌려주었다. 이때 사용된 방법은 은밀하고도 간단하며, 효과적이고도 신속하다.

우선 사람들이 준 열쇠 중에서 '고리' 부분이 큰 것을 고른다.● 그 고리 부분을 강력한 지렛대로 삼아 그 속에 다른 열쇠의 끝 부분을 집어넣으면 쉽게 구부릴 수 있다. 하지만 열쇠를 돌려받은 학생

● '고리' 부분이란 손으로 열쇠를 쥐는 부분, 즉 가운데에 구멍이 나 있는 부분을 말한다. 전통적인 형태의 열쇠는 고리 부분, 가지 부분, 그리고 말단의 돌출부 부분, 이렇게 세 부분으로 이루어져 있다. 반면 요즘의 열쇠들은 오히려 단순한 가지 형태, 혹은 평평한 형태로 이루어져 있다. 그러나 이들 열쇠들에도 대부분의 경우에는 구멍이 나 있으며, 그 중에서 다른 열쇠의 끝 부분을 집어넣을 수 있을 정도로 충분히 큰 구멍이 난 열쇠를 찾는 것은 그리 어렵지 않을 것이다.

들은 경악을 금치 못했다. 그들이 보기엔 브로크 박사가 열쇠를 손으로 한 번 슬쩍 스치기만 했을 뿐이기 때문이다.

학생들이 이러하거늘, 어떻게 일반인들이 그들의 열쇠가, 아주 평범한 보통 열쇠가 '심령술사의 염력에 의해 정말 구부러졌다'고 순진하게 믿지 않을 수 있겠는가! 간혹 사람들이 갖고 있는 열쇠가 너무 튼튼해서 잘 구부러지지 않을 때도 있는데, 이런 경우 역시 별로 문제가 안 된다. 열쇠의 주인들에게, 이 열쇠의 주인인 당신들이 너무 강한 염력을 갖고 있는 탓에 열쇠가 잘 휘어지지 않는다고 말해주면 그뿐이다. 이런 식으로 당신은 그 어떤 경우에도 숨바꼭질하듯 교묘하게 궁지를 모면할 수 있고, 바로 이것이 능란한 마술사가 보이는 거장의 솜씨이다. 그러나 거장의 솜씨를 지녔다고 해서, 반드시 부정직한 일만 해야 한다는 법은 없다!

어느 날, 프레데릭 졸리오는 젊은 물리학도들이 식사를 하면서 떠들썩하게 웃는 소리를 들었다. 그는 그들이 도대체 왜 그렇게 웃고 있는지 물어보았다. 그러자 사람들은 그들 중의 한 명이 염력을 이용해 다른 사람으로 하여금 그가 양 손에 쥐고 있는 색깔이 다른 두 개의 동전 중 어떤 특정한 것만을 선택하도록 만들 수 있다고 설명했다. 세 번이나 실험을 했는데 모두 다 성공으로 끝나, 거기 모인 모든 회의적인 사람들조차(이들이 젊은 물리학도들이었음을 상기하라) 염력의 실재를 인정하지 않을 수 없었다는 것이다. 그러나 프레데릭 졸리오는 미소를 지으며 이렇게 말했다. "분명 트릭을 쓰고 있는 거야. 자, 마술사 양반, 어떻게 하는 건지 나에게 설명 좀 해줘요."

중요한 건, 당신이 신기한 현상을 목격할 때마다 그것이 어떤 속임수를 사용하고 있는지 밝혀내는 게 아니다. 당신이 어떤 이상한, 혹은 있을 수 없어 보이는 현상들을 보았을 때, 그리고 사람들이 그 현상에 대해 설명해주었을 때, 그 설명을 아무 생각 없이 곧이 곧대로 믿지 말라는 것이다. 그보다는 과학이 지금까지 우리에게 가져다준 성과와, 지난 세기 동안 인류를 현혹시킨 그 숱한 황당무계한 이야기들이 우리에게 주는 교훈을 기반 삼아 당신의 비판정신을 사용하라. 바로 그 능력을 통해 당신은 성숙할 것이다.

3_ 기이한 우연의 일치

대자연의 기적들

랜슬롯Lancelot이라 불리는 유니콘 한 마리가 캘리포니아의 레드우드 숲 속을 한가로이 어슬렁거리고 있다…… 놀라운 이야기 아닌가?

하지만 좀 더 자세히 알아보자. 사실 이 유니콘은 대대로 전해 내려온 그 전설의 이미지와는 거리가 멀다. 이것은 그저 조그만 한 마리 염소인 것이다. 하지만 보통 염소는 아니다. 미국의 자연공원에 있는 이 유명한 염소의 이마 한가운데에는 길다란 뿔이 하나만 나 있기 때문이다. 보통 염소에게는 두 개의 뿔을 형성시키는 각질층이 이 염소의 경우에는 유독 갈라지지 않은 채 하나의 뿔이 된 것이다.

몇 해 전 어떤 대중 과학잡지[18]에 머리가 두 개 달린 거북이와(분명히 살아 있는 것이었다!) 뱀에 관한 기사가 실린 적이 있다. 또 무게가 200그램에 길이는 60센티미터나 되는 커다란 도마뱀이 수백 미터나 되는 호수의 수면을 경중경중 건너는 모습도 〈자연의 신비〉 같은 방송 프로그램에 가끔 소개되곤 한다.•

이 등지느러미도마뱀의 예가 보여주듯이, 대자연이 우리 호모 사피엔스에게 선사하는 놀라움은 진정 무한하다. 두 개의 머리를 가진 거북과 뱀의 경우는 대자연의 우연한 실수라고 할 수 있다. 하지만 그럼에도 불구하고 이들 역시 자연의 일부분인 것이다. 이것들은 물론 '비정상적'이라고 말할 수 있지만, 결코 '또 다른 현실에 속한 것'이라고는 말할 수 없다.

신비스런 현상을 감추고 있는 것은 비단 동물계만이 아니다. 그런 거라면 광물계도 빠지지 않는다. 일례로 신비스런 평행육면체 광석을 들 수 있는데, 길이가 수십 센티미터에 달하는 그 광석의 모서리들은 마치 기계로 깍아낸 듯 반듯하면서도 서로 완벽한 직각을 이루고 있다. 마치 〈2001 스페이스 오딧세이〉에나 나올 법한, 꼭 누

....
• 등지느러미도마뱀은 몸무게가 약 200그램에 꼬리를 포함한 길이가 약 60센티미터에 달하는데, 머리에서 등까지는 등지느러미가 나 있고 열대 아메리카에 서식한다. 이 도마뱀은 실제로 시속 약 12킬로미터의 속도로 물 위를 뛰어서 건널 수 있다. 이 때문에 현지에서는 '예수 그리스도 도마뱀'이라고도 불린다. 이 도마뱀이 물 위를 뛰어갈 수 있는 것은 다음과 같은 몇 가지 물리적 현상들 덕분이다. 우선 뒷발은 일종의 노와 같은 역할을 하고, 여기서 얻어지는 효과는 뒷발을 엄청나게 빨리 움직임으로써 한층 강화된다. 두 번째로, 매우 빠른 속도로 번갈아 움직이는 뒷발 끝 부분은 발바닥과 수면 사이에 일종의 공기층을 형성하는데, 이 공기층은 물이 발을 잡아끄는 힘을 최소화한다. 마지막으로, 발바닥으로 수면을 찰 때 생기는 수직 방향의 반탄력(反彈力) 덕분에 몸이 물에 빠지지 않게 된다.

군가가 의도적으로 만들어놓은 듯한 물체이다. 도대체 어떤 우연의 일치로, 이 신비스런 물체가 유구한 시간의 지층 속에 들어 있게 되었단 말인가? 혹시 저 먼 옛날에 어떤 외계인들이 지구 방문에 대한 증거를 남기기 위해 일부러 그 광석을 거기 두었던 것은 아닐까?

하지만 이런 황당무계한 억측들을 내놓기 이전에 우선 우리는, 겉보기에 인위적으로 만들어진 것처럼 보이는 이 광물덩어리가 사실은 100퍼센트 자연의 산물이라는 사실을 알아야 한다. 이 광물은 그저 큐브 형태로 결정화된 자연 그대로의 황철광(黃鐵鑛)[19]인 것이다.

이렇듯 동물계, 식물계, 그리고 광물계는 너무나도 많은 경이로움을 숨기고 있다. 아울러 대자연에 존재하는 이런 놀라운 현상들은 이른바 '기이한 우연의 일치[20]'에 대해 떠들어대는 사람들이 우리에게 초자연적 영역, 즉 자연을 '뛰어넘는 영역'에 있다고 제시하는 것들보다 훨씬 더 많다.

기이한 우연의 일치…… 자, 이것이 바로 우리가 다루게 될 또 하나의 주제이다. 우리는 지금부터 생각하는 갈대인 인간이 어떻게 매우 간단한 계산과 성찰만으로 이런 우연의 일치들을 이해할 수 있는지, 또 어째서 이것들이 사실은 조금도 '기이하지' 않은지 보여줄 것이다. 즉 우리는 어떤 기이한 일이 (우리의 일상 생활에서) 더 이상 자연스러울 수 없는 이유들에 의해 일어날 수 있음을 보여주고자 하는 것이다.

염력? 직접 해보라!

눈부시도록 밝게 빛나는 정신

사회자는 중앙 카메라 쪽으로 몸을 돌린다. 그리고 매우 진지하면서도 약간은 미소 띤 표정으로 시청자들의 눈을 정면으로 응시하면서 다음과 같이 말한다. "자! 시청자 여러분 집에 있는 전등을 모두 켜십시오!" 그리고는 다시 심령술사에게 몸을 돌려 질문한다. "당신은 정말로 할 수 있다고 생각하십니까?" 그러면 심령술사는 잠시 망설이다가 이렇게 대답한다. "오늘 저녁 집중력이 충분히 높았으면 좋으련만…… 지금은 완벽한 상태라고는 말할 수 없군요. 이런 종류의, 즉 거리를 두고 일어나는 심령 현상을 일으키기 위해서는, 엄격한 금식(禁食)을 행한 후 완전한 고독과 깊은 어둠 속에서 며칠 동안 칩거하는 게 보통이죠." 이러니 만일 이 심령술사가 실패한다면, 시청자들은 이 실패가 불가피하게 주어진 오늘의 불리한 상황 때문이지, 그의 능력 탓이라고는 생각하지 않을 것이다.

하지만 심령술사는 결코 실패하지 않는다. 이 방송을 보고 있는 시청자들의 집에 켜져 있던 전구의 필라멘트가 분명히 나갔을 테니 말이다. 시청자들은 이 놀라운 순간을 생방송하고 있는 텔레비전 방송국에 전화를 걸어서 자신들이 목격한 사실을 알려준다. 자, 심령술사는 멋지게 성공했다. 스스로 주장한 것처럼, 그는 자신의 정신이 물질에 직접 작용하는 염력을 이용해 멀리 떨어진 곳에 있는 전구의 필라멘트를 나가게 한 것이다.

놀라운 일이다. 그렇지 않은가? 그러나 진실은 그렇게 간단하지만은 않다. 좀 더 자세히 살펴보자.

이 프로그램을 지금 약 1백만 명이 시청하고 있으며(일례로 프랑스 최대의 민간 TV 방송국인 TF1에서 방영하는 〈미스터리들 Mystères〉 같은 프로그램은 약 1천만 명이 시청한다고 한다), 대략 1시간 이상 방영된다고 가정해보자. 이것은 곧 5-6백만 개의 전구가 1시간 동안 동시에 켜져 있다는 사실을 의미한다. 그러나 시청자들 중에는 방송을 그저 보기만 하고 실제 실험에는 참여하지 않는 사람들도 있을 수 있고, 도중에 싫증이 났거나, 혹은 경제적인 이유로 전등을 다시 꺼버리는 사람들도 있을 수 있다. 어쨌든 그렇다고 하더라도 최소한 2백만 개의 전구는 약 1시간 동안 계속 켜져 있는 셈이다.

그런데 보통 백열전등의 평균 수명은 약 1천 시간 가량 된다. 즉 이것은 프로그램이 방영되는 도중에 약 2천여 개의 전등이 나갈 확률이 있음을 의미한다.* 따라서 심령술사의 초능력을 증언하기 위해 텔레비전 방송국에 걸려오는 그 많은 전화들은 이 단순한 확률적 사실을 확인해주는 것에 불과하다.

....

* 시청자들의 집에 있는 전구들은 완벽하게 우연에 의해 거기 그렇게 있는 것이다. 그러므로 그 전구들 모두가 아주 새 것이거나, 아주 낡은 것일 이유는 전혀 없다. 따라서 확률적으로 따져보면 전체 2백만 개의 전구 중에서 사용 시간이 1시간에 달한 전구의 수는 2천 개가 될 것이다. 마찬가지로 사용 시간이 2시간에 달한 전구의 수 역시 2천 개일 것이며, 사용 시간이 999시간에 달한 전구의 수도 2천 개, 1천 시간에 달한 전구의 수도 역시 2천 개가 될 것이다. 그러므로 만일 이 방송이 1시간 동안 계속된다면, 사용 시간이 1천 시간에 달한 2천 개의 전구는 그들의 한계 수명에 도달했으므로 자연히 필라멘트가 나가버릴 것이다.

당신의 유체는 공간을 통과한다

당신이 텔레비전이나 라디오 방송에 출연하여 놀라운 초능력을 지닌 위대한 심령술사로 소개되었다고 상상해보자. 그 중에서도 특히 멀리 떨어진 곳에 있는 동전을 마음대로 할 수 있는 능력의 소유자로 소개되었다고 가정해보자.

사회자는 시청자들에게 당신의 초능력을 한번 시험해보라고 말한다. 그는 시청자들에게 동전 하나를 준비한 뒤, 그것을 공중에다

	알베르	베네딕트	세드릭	드니	에스메랄다	프란시스	제라르	엘렌	이렌	조제프	케빈	루이	마리	노에미	오딜	파스칼	키슈아	라울	소피	테레즈
1	뒤	앞	뒤	뒤	앞	뒤	앞	뒤	앞	앞	뒤	앞	**뒤**	앞	뒤	앞	**뒤**	앞	뒤	뒤
2	앞	앞	앞	앞	앞	앞	앞	앞	앞	뒤	앞	앞	**뒤**	뒤	앞	앞	**뒤**	앞	앞	앞
3	뒤	앞	앞	앞	뒤	앞	앞	앞	앞	앞	앞	앞	뒤	앞	앞	앞	**뒤**	앞	앞	앞
4	앞	앞	앞	앞	앞	뒤	뒤	앞	앞	앞	앞	앞	앞	앞	앞	뒤	**뒤**	앞	앞	앞
5	**뒤**	앞	뒤	앞	앞	뒤	앞	뒤	뒤	뒤	**뒤**	뒤	**뒤**	앞	**뒤**	**뒤**	앞	앞	앞	**뒤**
6	**뒤**	뒤	앞	뒤	뒤	앞	앞	앞	앞	**뒤**	앞	**뒤**	뒤	**뒤**	**뒤**	뒤	뒤	뒤	뒤	**뒤**
7	앞	앞	앞	뒤	앞	앞	앞	뒤	뒤	**뒤**	**뒤**	**뒤**	앞	앞	앞	뒤	**뒤**	뒤	뒤	뒤
8	앞	뒤	뒤	앞	앞	앞	뒤	앞	앞	**뒤**	**뒤**	**뒤**	뒤	앞	앞	앞	**뒤**	앞	앞	앞
9	앞	**뒤**	뒤	**뒤**	**뒤**	뒤	앞	앞	**뒤**	**뒤**	앞	뒤	**뒤**	**뒤**	뒤	앞	**뒤**	앞	앞	앞
10	앞	**뒤**	앞	**뒤**	**뒤**	앞	앞	뒤	**뒤**	**뒤**	뒤	앞	**뒤**	**뒤**	앞	뒤	**뒤**	뒤	뒤	뒤
합계	5앞5뒤	6앞4뒤	6앞4뒤	4앞6뒤	5앞5뒤	6앞4뒤	9앞1뒤	6앞4뒤	4앞6뒤	5앞5뒤	3앞7뒤	6앞4뒤	2앞8뒤	4앞6뒤	5앞5뒤	7앞3뒤	3앞7뒤	4앞6뒤	6앞4뒤	5앞5뒤
≥8?							X						X							

104

10번 연속하여 던지고, 매번 앞면과 뒷면 중 어떤 면이 나왔는가를 적어보라고 말한다.

시청자들은(〈미스터리들〉 같은 방송의 경우, 1천만 명이 넘는 시청자가 있다는 사실을 상기하자!), 공간을 초월해 유체(幽體)를 전달하려면 엄청난 정신 집중이 필요하다며, 인상을 잔뜩 찌푸리고 거세게 숨까지 몰아쉬며 거짓 표정을 꾸며대는 당신의 얼굴이 클로즈업되고 있는 텔레비전 화면 앞에 앉아 동전을 던진다. 그리고 약 1백만 명에 달하는 시청자들이 (이 숫자를 다시 한 번 읽어보라!) 놀랍게도 당신의 염력에 의해 자신들의 동전이 오직 한 면으로만 떨어졌다는 사실을 증언하기 위하여 방송국에 전화를 걸려고 애를 쓴다.

이리하여 방송국에는 전화가 '폭주한다.' 사회자는 신이 나서 어쩔 줄을 모른다. 제작진도 대박이 터졌다며 박수를 친다. 2만 명이(그렇다. 2만 명이다) 넘는 사람들이 10번 던졌는데 단 한 번의 예외도 없이 오직 한 면으로만 떨어졌다고 맹세하고, 증언하고, 확인하고, 두 손을 모아 성호(聖號)까지 그어댄다. 10번 연속해서 앞면이 나오는 것, 혹은 10번 연속해서 뒷면이 나오는 것…… 이것은 물론 상식적으로는 불가능한 사실이라는 것을 모든 사람이 알고 있다.

당신이 지금 만천하에 보여준 것은 그 얼마나 놀라운 능력인가! 당신의 인기가 하늘 높은 줄 모르고 치솟을 것임은 두말할 나위 없다. 하지만…… 사실 이 실험과 당신의 유체는 별 관계가 없다. 이 상황을 다시 검토해보자. 그리고 동전을 직접 던져보자. 104

페이지의 표는 알베르에서 테레즈까지 20명의 사람들을 대신해 우리가 각 사람당 10번씩 동전 던지기를 하여 그 결과를 정리해놓은 것이다.

우리는 각 개인마다 동전의 앞면과 뒷면이 나온 횟수의 합계를 적어놓았다. 그런데 보다시피 마리는 8번 뒷면이 나왔고, 제라르는 9번 앞면이 나왔음을 알 수 있다.

직접 실험해보라!

동전 던지기의 결과가 이런 식으로 나온다는 사실이 믿어지지 않는가? 그렇다면 당신이 직접 실험해보라. 우리가 당신을 위해 도표를 만들어놓았으니, 당신은 그 빈칸에 합계를 적어넣기만 하면 된다. 참고로, 우리가 한 것처럼 동전 하나를 한 번씩 일일이 열 차례 던지는 것보다는, 열 개의 동전을 준비해 그것을 한꺼번에 던지는 게 훨씬 간단하다. 이 두 방식에 의한 결과는 완전히 동일한 값을 갖는다. 손에 열 개의 동전을 쥐고, 그것을 잘 흔들어 섞은 후 탁

	알린	베르나르	크리스틴	다니엘	에스테	플로랑	조르주	앙리	이자벨	줄리	카티아	로레트	마리옹	나딘	오펠리	폴	캉탱	르네	실뱅	트리스탕
앞면의 수																				
뒷면의 수																					
≥8?																					

자 위에 던진다. 그리고 나서 간단히 앞면은 몇 개가 나왔고 뒷면은
몇 개가 나왔는지를 세어보면 된다. 이것은 A라는 사람이 한 개의
동전을 연달아 10번 던지는 것과 똑같다. 이렇게 A라는 사람이 동
전을 연달아 10번 던졌다고 가정하고, 그 결과로 앞면과 뒷면이 나
온 횟수를 빈칸에 적은 다음 B, C, D 이렇게 계속해 나가면 된다.

 잠깐

이 실험은 꼭 실제로 해봐야 한다.
독서를 멈추고 동전 열개와 볼펜 하나를 준비하라.

마지막으로 동전의 동일한 면이 나온 횟수가 8, 9 혹은 10인 사람에 X표를 하라. 그러면 그토록 있을 수 없어 보이는 일, 그토록 '기이해' 보이는 일이 당신의 눈 앞에서 실현되는 것을 간단하게 확인할 수 있을 것이다. 사실 굳이 따지자면 이러한 경우가 일어나지 않을 확률이야말로 오히려 거의 없다고 할 수 있다. 우리가 미리 상정하는 것과는 반대로, 동전의 동일한 면이 연속해서 나올 확률은 그리 낮지 않은 셈이다. 계산에 의하면[21] 동일한 면이 최소한 8번 이상 나올 확률은 11퍼센트 정도이다.

10번 연속하여 동일한 면이 나올 확률로 한정한다 해도, 그 값 또한 1/512*이나 된다. 만약 10만 명이 실험에 참여한다면, 약 200명에 달하는 사람들이 10번 연속해서 앞면 혹은 뒷면이 나오는 결과를 얻게 되는 셈이다.

적은 정족수의 환상

우리는 종종 어떤 일들에 대해서는, 그것이 일어날 확률이 매우 적다는, 혹은 '거의 없다'는 느낌을 갖게 되는데, 이런 현상은 '적은 정족수의 환상'이라 부를 수 있는 착각 때문에 일어난다. 어떤 사건의 실험이나 시도(試圖) 횟수가 아주 적은 경우에는 그 사건이

---

* 우리가 사전에 동전의 양면 중 어떤 특정한 면이 나와야 한다고 지정하지 않은 이상, 우리는 양면이 가진 확률을 합할 수 있다. 즉 앞면이 연달아 10번 나올 확률이 1/1024이고, 뒷면이 연달아 10번 나올 확률 역시 1/1024이므로, 두 확률을 합하면 '1/512'이 된다.

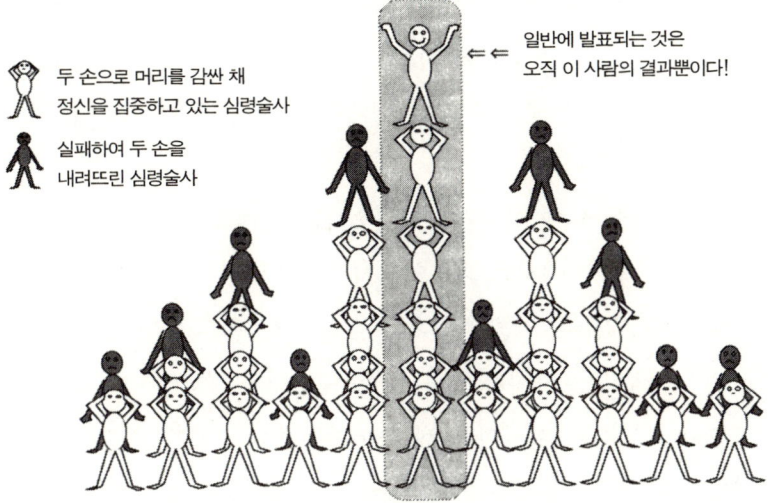

두 손으로 머리를 감싼 채
정신을 집중하고 있는 심령술사

실패하여 두 손을
내려뜨린 심령술사

일반에 발표되는 것은
오직 이 사람의 결과뿐이다!

그림 3-1

일어날 개연성이 낮지만, 반대로 실험 횟수가 많아지면 그 사건이 일어날 개연성이 매우 높아진다는 사실을 우리는 쉽게 잊곤 한다. 따라서 모든 경우의 수를 다 조사해봐야 하는 것이다.

그림 3-1을 통해, 우리는 이른바 '초심리학(超心理學)'이라 불리는 제반 활동의 숨은 비밀을 파헤치게 될 것이다.● 가장 아랫줄에는, 그 어떤 방법이나 도구의 사용도 허용된, 무언가를 알아맞춰야 하는 테스트를 위해 나름대로 정신을 집중하고 있는 11명의 각기

....

● 초심리학이란 일상 생활에서 일어나는 초자연 현상을 연구하는 학문을 지칭한다. 초자연 현상이란 자연 법칙이나 상식으로는 설명할 수 없는 여러 형태의 사상(事象)을 말하며, 정신이 물질에 직접 작용하는 염력 현상과 정상적인 감각을 뛰어넘어 정보나 사건을 인지하는 능력인 초감각 현상 등이 포함된다. ─ 옮긴이

다른 심령술사들이 있다. 이들은 카드점, 원격투시,* 사진 보고 알아맞추기, 제너Zener 카드**를 이용한 텔레파시 등 무엇을 사용해도 상관없으며, 이것은 우리가 결론을 내리는 데 있어 아무런 영향도 미치지 않을 것이다.

첫 번째 테스트에서 4명의 심령술사는 실패하고 7명은 성공한다. 두 번째 테스트에서는, 두 명의 심령술사가 정신력이 말을 듣지 않는 바람에 그들보다 영험한(혹은 보다 운이 좋은) 5명의 동료를 무대에 남겨두고 보따리를 싼다. 세 번째 테스트에서도 역시 2명의 심령술사가 능력이 미치지 못해 나머지 3명이 실험을 계속하도록 남겨두고 떠난다. 네 번째 테스트에서는 셋 중 단 한 명만이 성공한다. 이 사람은 '귀신이 곡할 만큼 신통한' 사람으로 선언되고, 승리했다는 표시로 만세를 부른다.

사실 이 심령술사는 순전히 우연에 의해, 성공 가능성이 1/11이었던 그다지 어렵지 않은 일련의 테스트들을 통과한 것에 지나지 않는다. 그런데도 여전히 그가 '귀신이 곡할 만큼 신통하다' 말할 수 있을까?

그가 과연 신통한지 아닌지를 판정하기 위해서는 모든 정보를 검토해봐야 하며, 특히 처음에 여러 명의 심령술사가 테스트에 참

---

* 멀리 떨어져 있는 장소의 정보나 사건을 알아낼 수 있는 능력. 콘크리트 벽 너머에 있는 물체를 알아맞추거나, 뒤섞어놓은 카드의 순서를 알아맞추는 것 따위를 예로 들 수 있다. ─ 옮긴이
** 라인Rhine 박사가 사용한 이후 매우 유명해진 제너 카드는 전통적인 카드의 네 가지 상징 대신 다른 종류의 상징 다섯 가지(네모, 원, 십자, 별 그리고 3개의 파도선)를 사용하는데, 이는 전통적인 카드의 상징들이 초감각적 지각에 잘 포착되지 않기 때문이라고 한다. 제너 카드는 각 상징이 5장씩 있으며, 전체 25장이 한 벌로 간주된다.

가했다는 사실을 알아야 한다. 그런데 대부분의 경우에는 가장 뛰어난 심령술사의 결과만이 일반에 공개될 뿐이다!

사실 우리가 위에서 살펴본 그림 3-1 같은 경우는 심령술사의 수나 테스트 횟수가 적은 숫자로 한정되어 있다. 그럼에도 이 예가 우리에게 보여주는 것은, 특정 실험이 올바르게 수행되기 위해서는 그 실험의 시작과 산출된 결과 모두를 다 아는 것이 중요하다는 사실이다. 왜냐하면 판단과 결론은 실험의 전체 조건을 근거로 내려져야지, 어떤 부분 집합, 즉 한정된 일부분에 근거해 내려져서는 안 되기 때문이다.

우리가 이른바 '초심리학'이라는 분야에 대한 실험을 할 때에는 실험의 주제와 제반 데이터들을 어떻게 선택할지를 우선적으로 고려해야 한다. 위의 예에서처럼 선택이 이루어진 경우에는, 우리가 소홀히 하거나, 혹은 전혀 알지 못하는 불확실성이 개입될 수 있다. 그런데 여기서 상기해야 할 사실은 어떤 데이터를 둘러싼 불확실성은 데이터 자체만큼이나 중요하다는 점이다. 데이터 자체의 신뢰도를 결정하는 것이 바로 이것이기 때문이다.

일테면 데이터가 어떤 식으로 선택되었는가를 모든 각도에서 검토해야 하며, 여기에는 부정적인 데이터들을 발표했느냐 안 했느냐의 문제 역시 포함되어야 한다. 이와 관련해 어빙 랭뮤어(1932년도 노벨화학상 수상자)는 우리에게 다음과 같은 이야기를 들려준 바 있다.[22] 그의 조카 데이비드 랭뮤어는 몇 명의 동료들과 함께 라인•박사 방식의 카드 뽑기를 수천 번 시행해보았다. 그런데 그 결과는 '평균치'에 머물렀다. 그래서 그는 "라인씨에게 편지를 보내지도,

이 주제에 대해 발표를 하지도 않았다"는 것이다.

그러나 '적은 정족수의 환상'으로 인한 비의도적인 오류들만 존재하는 것은 아니다. 처음에 제시한 초심리학적 가정과 모순되는 데이터에 대한 의도적인 삭제나 침묵도 때로는 존재한다. 이는 곧 데이터 날조라고 볼 수 있다. 사실 '초자연 현상'과 관련된 주제를 조사하는 사람들 중에는 자기 의견을 명확히 내놓지 못하고, 애매모호한 표현을 남발해 문제를 더 복잡하게 만드는 이들이 적지 않다. 하지만 우리는 분명하게 말할 수 있다. 초심리학적 탐구가 산출하는 결과들의 기반이 되는 것은 대부분(전부라고는 말할 수 없겠지만) 사기극이라는 사실을 말이다.[23] 어빙 랭뮤어는 자신이 라인 박사와 어렵사리 만나 오랫동안 토론한 끝에, 박사가 그 동안 부정적인 실험 결과들을 무수히 감춰왔다는 사실을 알게 되었다고 증언한 바 있다. 그는 결론적으로 이렇게 말했다. "건전한 정신의 소유자라면 라인이 한 방식으로 그렇게 데이터들을 숨기지는 못했을 것이다…… 따라서 나는 그가 해온 작업들을 그다지 높이 평가하지 않는다."

이처럼 '적은 정족수의 환상'은 두 개의 버팀목에 의해 지탱되고 있다. 그 중 하나는 자신이 사용하고 있는 데이터들을 잘 통제하지 못하는 실험자가 의도하지 않았는데도 불구하고 범하게 되는 조

....
* 조지프 뱅크스 라인Joseph Banks Rhine은 과학적 초심리학의 아버지로 인정받고 있다. 그는 1920년대 말, 미국 더햄Durham의 듀크Duke대학 심리학과 학과장으로 임명되었으며(그런데 그의 실제 전공은 식물학이었다!), 이어 직업적 심령술사들과 함께 사후 세계와 어떤 암말의 텔레파시 능력을 증명하기 위한 작업을 진행해 나갔다. 그는 초감각적 지각에 관련된 실험들로 유명해졌다.

사 방법이나 발표 과정에 있어서의 실수이다. 또 다른 하나는 부정적 결과들을 의도적으로 배제하는 지적(知的) 부정직성과 허위의식이다. 바로 이것들이 그 오랜 세월 동안 '공식적 과학'의 타당성을 위협해온 신비 현상의 이면에 숨어 있는 비밀이다.

모순적이라고?

가끔은 — 자주는 아니지만 가끔은 — 겉보기에 정상적이고, 일상적이고, 진짜처럼 보여서 아무도 그것에 대해 질문을 제기하지 않지만, 사실은 매우 놀랍고, 기이하고, 모순적이고, 거짓되며, 명백히 비정상적 영역에 속하는 일들이 있다.

또한 자주 — 이번에는 가끔이 아니라 자주이다 — 겉보기에는 믿을 수 없고, 엄청나고, 모순적이고, '정상적인 상황'에서는 결코 일어날 수 없는 일 같아 보이나, 사실 노련한 눈으로 검토해보면 극히 자연스럽고 정상적인 일들도 있다.

이런 현상을 좀 더 잘 이해하기 위해 앨리스의 이상한 나라를 잠깐 방문해보자.

부릉! ... 부릉! ... 쾅!

커다란 스크린에는 우주정거장을 출발해 우주 공간 속으로 발사되어 나가는, 혹은 어둠의 힘이 웅크리고 있는 검은 별을 공격하러 떠나는 우주선이 보이고, 어두운 영화관 안은 이 우주선이 발하는 낮고도 요란한 음향으로 진동하고 있다. 우리의 몸 또한 요란한 소리를 발하는 모터들의 진동에 함께 흔들리고, 우리는 무수한 별들이 펼쳐져 있는 우주 공간에 압도된다…… 얼핏 보기에 이러한 영화관 풍경은 지극히 정상으로 느껴진다. 특별히 이상한 점은 눈에 띄지 않는다. 그런데 과연 그럴까?

우주 공간에는 음파(音波)가 없다. 음이 퍼져나가기 위해 반드시 필요한 조건, 즉 공기가 없기 때문이다. 그러므로 영화 속 우주선 모터의 폭발음을 듣고도 이상하게 여기지 않는다면, 그것이야말로 이상하다. 이 경우에는 아무 소리도 들리지 않아야 정상인 것이다. 즉 이 우주선은 완전한 정적 속에서 불을 뿜는 연료 분사구만을 환하게 밝힌 채 멀어져가야 옳다.

그게 그렇게 당연한 일은 아니다

우주에 관한 이야기를 좀 더 해보자. 이번엔 달 착륙 장면을 찍은 비디오로 시선을 돌려볼까? 아폴로 우주선을 타고 달에 착륙한 미국의 우주인들이 달 표면에 꽂아놓은 성조기가 바람에 휘날려 펄럭이고 있는 광경을 보지 않은 사람은 아마 드물 것이다. 그런데 달에는 공기가 없고, 따라서 바람의 이동이나, 그 어떤 기체의 흐름도 존재할 수 없다. 달에는 전혀 바람이 불지 않으며, 결과적으로 깃발이 나부낄 수 있는 가능성은 전혀 없는 것이다!

그렇다고 미국 내에서 한동안 떠돌았던 엄청난 억측, 즉 미국의 달 착륙은 그 모든 것이 스튜디오 안에서 촬영된 하나의 거대한 연극이라는(The Moon hoax) 식의 억측에 동의할 필요까지는 없을 것이다. 그렇다면 달 표면에 꽂은 깃발이 바람에 나부끼고 있는 광경은 도대체 어떻게 이해해야 하는가? 한마디로 그것은 깃대 끝에 직각으로 부착한 수평 가지에 깃발을 매달아놓았기 때문에 일어난 현상이다. 이는 깃발을 좀 더 멋지게 보이게 하기 위한 조치였는데, 만약 그렇게 하지 않았더라면 깃발은 시종 행주처럼 축 늘어져 있었을 것이다. 게다가 우주인이 달 표면에 깃대를 꽂을 때 깃대를 한 번 힘차게 흔들어준 다음, 수평 가지 역시 세차게 흔들어주는 바람에 이 움직임이 깃발에 전달되어 마찬가지로 펄럭이게 되었다. 그런데 달에는 일단 시작된 깃발의 펄럭임을 완화시킬 공기의 저항이 없기 때문에 이 펄럭이는 움직임은 꽤 오랫동안 지속될 수밖에 없었다. 이렇게 해서 성조기는 그토록 힘차게 펄럭이고 있었던 것이다!

결론 : 깃발은 분명 펄럭였다. 그러나 바람에 의해 펄럭인 것은 아니었다!

달 에 서 본 지 구

사람들은 자주 이 책의 서문에 수록된 사진에 '달에서 본 떠오르는 지구의 모습'이라는 제목을 갖다붙이곤 한다.

물론 분화구들로 뒤덮인 황량한 달에 서서, 물과 온갖 생명체들이 우글거리는 푸른 행성이 달의 지평선 위로 서서히 떠오르는 광경을 바라보는 것은 비할 데 없이 아름답고, 흥분되고, 감동적인 게 사실이다. 하지만…… 이것은 정말 '모순적인' 광경이기도 하다. 사실 이런 광경을 본 우주인은 지금까지 한 명도 없으며, 또 앞으로도 없을 것이다. 이 광경은 현실적으로 불가능한 광경이기 때문이다. 달에서 관측된 지구는 결코 달의 지평선 위로 떠오르지 않는다. "지구에서 관측된 달은 지평선 위로 떠오르고, 또 그 아래로 저물어 내려간다. 그러므로 달에서 관측된 지구 역시 마찬가지의 모습을 보이는 것이 당연하다." 바로 이것이 '달에서 본 떠오르는 지구의 모습'이라는 전설의 밑바닥에 깔려 있는 대략적인 논리일 것이다. 하지만 이것은 그릇된 추론일 따름이다.

사실 달은 항상 지구에 자신의 한 쪽 면만을(몇 가지 경우를 제외하곤[24]) 보여주고 있다. 이것이 의미하는 바는, 우리가 달의 어떤 지점에 서 있을 때, 지구는 항상 달의 하늘에서 어느 고정된 한 지점에 위치하고 있으며, 따라서 지구가 달의 지평선 위 아래로 움직이는 일 따위는 있을 수 없다는 사실이다.[*]

따라서 만일 달에 지구를 쳐다보는 월인(月人)들이 살고 있다면, 그들이 매일 달의 하늘에서 보는 것은 움직이지 않고 늘 같은 자리에 떠 있는 하나의 커다란 별일 것이다.

이상한 그룹

지금으로부터 약 25년 전, 미국에서는 STURP(토리노의 수의 연구 프로젝트 Shroud of TUrin Research Project)라는 이름의 그룹이 결성되었다. 이 그룹은 토리노Torino[**]의 성스러운 수의를 연구하기 위해 결성되었는데, 총 40명의 회원 중 가톨릭 신자는 39명이나

....
[*] 만일 지구가 떠오르고 지는 광경을 보고 싶다면, 당신은 지구 주위의 낮은 위성궤도를 도는 우주선을 타면 된다. 일테면 아폴로 11호의 사령선 같은 것 말이다.

되는 데 반해 비신자는 1명에 불과했다.

당시의 풍토에서는 아마도 쉽지 않은 일이었겠지만, 이 그룹이 어떤 식으로 구성되었는가만 보고도, 사람들은 자연스레 의문을 가졌을 것이다. 즉 누가 봐도 뻔히 종교적 목적을 감추고 있는 수의[25] 연구를 신뢰할 수 있는가 하는 의문 말이다. 매우 간단한 확률 계산으로도 다음과 같은 사실을 알 수 있다. 즉 수많은 미국 과학자들 중 무작위로 40명을 뽑는다고 할 때, 뽑힌 40명 중 39명이 신자일 확률은 수백조분의 1(그렇다! 1 다음에 0이 15개나 붙는 수이다!)에 ••• 불과하다는 사실을…… 참고로, 로토 복권에서 6개의 번호가 맞을 확률은 $1/7 \times 10^8$, 즉 대략 1억분의 7(약 1천 4백만분의 1) 정도이다. 즉 STURP 같은 그룹이 우연히 결성될 확률보다는 로토 복권 1등에 당첨될 확률이 약 1천만 배나 더 높다는 이야기다! 이와 같은 확률 계산이 우리에게 시사하는 바는 무엇인가? 그것은 자칭 과학적이라고 주장하는 STURP 같은 단체에서 내놓는 주장들은 매우 엄격하고 세밀한 검토를 거친 후에 받아들여야만 한다는 강력한 경고이다.

....

•• 이탈리아 북부의 도시. 이곳의 성당에 있는 수의(壽衣)는 그리스도가 십자가형을 받은 후 무덤 속에 안치되었을 때 직접 입었던 것이라는 전설이 있다. 현대의 과학자들 중에도 수의에는 그리스도의 형체가 은밀히 배어 있으며, 이는 그리스도의 부활시 알 수 없는 신비한 화학 작용에 의해 그리 된 것이라고 주장하는 이들이 있다. — 옮긴이

••• 이 계산에 대해 보다 자세히 알기를 원한다면 이 책의 부록 '모집단의 구성과 확률'을 참조할 것. 이런 작업을 하는 우리에게 나쁜 해석 의도는 전혀 없다. 예를 들어 어떤 그룹의 구성원 40명 중 39명이 투쟁적인 무신론자들이라면, 이 역시 앞의 경우와 마찬가지로 그룹의 선입견에 대한 의심을 불러일으키지 않겠는가?

역설적인 선택

각종 경선에 뛰어든 후보들은 여론조사의 결과를 알고자 안달한다. 조사 결과를 참고 삼아 선거 중 그들이 취해야 할 적절한 행동, 분석, 홍보 프로그램, 그리고 전략 등을 준비하기 위함이다. 예를 들어 A, B, C라는 세 명의 후보가 경쟁하고 있다는 가정하에, 설문조사를 통해 이 세 후보자들에 대한 유권자의 선호도를 조사했다.

1천 명의 유권자를 대상으로 한 이 설문조사의 전체 결과를 정리해놓은 표를 보자.

첫 번째 열에서 우리는 385명의 유권자가 B보다는 A를, 그리고 C보다는 B를 더 선호한다는 사실을 알 수 있다.

B보다 A를 선호하는 사람의 총수는 385＋205＋25, 전체 1천 명 중 총 615명이다. 즉 전체의 61.5퍼센트에 달하는 사람들이 어떤 방식으로든 A를 B보다 더 좋아하고 있다. 이 결과만을 두고 보면, A와 B가 선거에서 맞붙을 경우 A가 승리를 거두리라는 사실에는 의심의 여지가 없다.

마찬가지로 C보다 B를 선호하는 사람의 총수는 385＋370＋5, 즉 전체의 76퍼센트인 760명에 달한다. 이 결과는 너무나도 분명한 것이어서 만일 B가 C와 맞붙는다면 그는 아무 걱정 없이 C를 납작하게 눌러버릴 수 있을 것이다.

상황을 다시 한번 정리해보자. 61.5퍼센트에 달하는 사람들이 B보다 A를 선호하며(A〉B), 76퍼센트에 달하는 사람들은 C보다 B를 선호한다(B〉C). 그렇다면 여기서 사람들이 C보다 A를 선호할 거라는 논리적 결론을 끄집어내는 것이 가능해 보인다(A〉C).

전체 1천 명 중 유권자의 수	385	370	205	25	10	5

선택   1
     2
     3
	A
	B
	C
		B
		C
		A
			C
			A
			B
				A
				C
				B
					C
					B
					A
						B
						A
						C

그러나 조금만 더 면밀히 살펴보자. C보다 A를 선호하는 사람은 385+25+5, 즉 415명이고, A보다 C를 선호하는 사람은 370+205+10, 즉 585명이다! 우리가 앞의 결과치를 근거 삼아 논리적으로 연역해낼 수 있다고 생각했던 것과는 정반대로, 설문조사에 응한 1천 명 중 58.5퍼센트가 A보다는 C를 선호하는 것이다.

이 작은 역설, 즉 3개의 선택 기준이 주어진 상황에서 나타날 수 있는 이 콩도르세Condorcet*의 역설은 놀랍지 않을 수 없다. 우리는 선호(選好)의 항들 사이에 나타날 수 있는 관계는 언제나 추이적(推移的)** 관계일 것이라 믿고 있지만, 이 경우엔 전혀 그렇지 않기 때문이다. 선호의 관계가 곧 수학적 의미에 있어서의 순서의 관계는 아닌 것이다.

당신도 전갈자리라구요? 정말 놀랍군요!

어떤 모임에서 한 테이블에 동석한 사람과 이야기를 나누다가 그가 당신과 같은 별자리 — 이 얼마나 놀라운 우연인가!— 라는 사

---

* 프랑스의 수학자, 철학자이자 정치가(1743-1794) ― 옮긴이
** 추이적transitif이라는 것은 다음과 같은 것을 의미한다. 만약 x가 y와 (수학적 의미에 있어서의) 관계를 맺고 있고, y는 z와 관계를 맺고 있다면, x는 z와 관계를 맺는다는 결론을 도출해낼 수 있다. xRy와 yRz → xRz(여기서 R은 불어 relation의 약자이다. ― 옮긴이)

실을 발견할 때가 있다. 이 때 당신은 경탄하며 호들갑을 떨어대겠지만, 사실 속으로는 전체 별자리 수가 13개에(일부 사람들이 생각하듯 12개가 아니다) 불과하기 때문에 같은 별자리의 사람과 만나게 되는 것이 그리 놀라운 일은 아니라는 사실을 의식하고 있을 것이다.

하지만 같은 상황에서 동석한 낯선 사람이 당신과 똑같은 생년월일을 갖고 있다는 사실을 알게 되었다면, 평소 당신이 세상사에 대해 늘 회의주의적 자세를 견지해왔다 해도, 이건 어떤 운명의 신호가 아닐까 하는 그런 생각을 하지 않을 수 없을 것이다.

어떤 모임에서 최소한 두 사람이 동일한 생년월일을 갖게 될 확률을 계산하기란 상당히 복잡하나, 어쨌든 사람들은 그럴 가능성이 매우 낮을 거라는 선입견부터 갖는다. 따라서 이러한 일이 실제로 일어나게 되면 정말 굉장한 일이 일어났다며 탄성을 지르는 것이다.

그런데 이것이 과연 그렇게 기적적인 일인가? 60명이 모인 그룹의 예를 들어보자. 계산에 의하면● 이 그룹에서 최소한 두 사람이 동일한 생년월일을 갖게 될 확률은 99퍼센트 이상이 된다. 그렇다. 지금 당신이 읽은 것이 맞다. 이런 일은 100번 중 99번은 일어날 수 있는 것이다. 오히려 그 반대의 경우, 즉 이 그룹에서 같은 생년월일을 가진 사람이 한 쌍도 존재하지 않는 경우가 생긴다면 그거야말로 진정 놀라운 일이다.

....
● N명의 사람이 있는 그룹에 생년월일이 똑같은 사람이 최소한 한 쌍 이상 존재할 확률 P를 계산하기 위한 공식은 다음과 같다. P = 1 - [365! / (365-N) ! 365^N]

60명…… 이 인원이 너무 많다고 생각하는가? 좋다. 그럼 50명이 있는 그룹을 예로 들어 계산해보자. 그래도 같은 생년월일을 가진 두 사람이 존재할 확률은 97퍼센트에 달한다. 40명일 경우에도 확률은 89퍼센트에 이르며, 30명일 경우에는 81퍼센트, 23명이 있는 작은 그룹의 경우에도 확률은 50퍼센트나 된다. 만일 앞뒤로 하루 차이가 나는 경우도 — 그래도 역시 놀라운 일 아니겠는가? — 같은 생년월일로 인정한다면, 인원이 14명밖에 되지 않는 그룹에서도 확률은 50퍼센트를 훌쩍 뛰어넘게 된다!

그리고 이는 사망일(死亡日) 등 온갖 다른 경우들에 대해서도 동일하게 적용될 수 있다.

직접 실험해보라!

우리가 독자 여러분에게 보여준 수치들이 매우 역설적으로 보일지 모른다. 하지만 이것들이 결코 장난이 아니라는 사실을 여러분에게 확인시켜주기 위해 다음의 달력을 준비했다(122페이지 참조). 여러분은 지금부터 여러분이 만나게 될 60명의 생년월일을 이 달력 위에 직접 표시하기만 하면 된다.

실제로 한번 실험해보라. 달력에 표시를 해나가다보면 놀라운 일이 일어날 테니!

1월	2월	3월	4월	5월	6월	7월	8월	9월	10월	11월	12월
1	1	1	1	1	1	1	1	1	1	1	1
2	2	2	2	2	2	2	2	2	2	2	2
3	3	3	3	3	3	3	3	3	3	3	3
4	4	4	4	4	4	4	4	4	4	4	4
5	5	5	5	5	5	5	5	5	5	5	5
6	6	6	6	6	6	6	6	6	6	6	6
7	7	7	7	7	7	7	7	7	7	7	7
8	8	8	8	8	8	8	8	8	8	8	8
9	9	9	9	9	9	9	9	9	9	9	9
10	10	10	10	10	10	10	10	10	10	10	10
11	11	11	11	11	11	11	11	11	11	11	11
12	12	12	12	12	12	12	12	12	12	12	12
13	13	13	13	13	13	13	13	13	13	13	13
14	14	14	14	14	14	14	14	14	14	14	14
15	15	15	15	15	15	15	15	15	15	15	15
16	16	16	16	16	16	16	16	16	16	16	16
17	17	17	17	17	17	17	17	17	17	17	17
18	18	18	18	18	18	18	18	18	18	18	18
19	19	19	19	19	19	19	19	19	19	19	19
20	20	20	20	20	20	20	20	20	20	20	20
21	21	21	21	21	21	21	21	21	21	21	21
22	22	22	22	22	22	22	22	22	22	22	22
23	23	23	23	23	23	23	23	23	23	23	23
24	24	24	24	24	24	24	24	24	24	24	24
25	25	25	25	25	25	25	25	25	25	25	25
26	26	26	26	26	26	26	26	26	26	26	26
27	27	27	27	27	27	27	27	27	27	27	27
28	28	28	28	28	28	28	28	28	28	28	28
29	29	29	29	29	29	29	29	29	29	29	29
30		30	30	30	30	30	30	30	30	30	30
31		31		31		31	31		31		31

달력에 직접 표시해보라!

점쟁이 세계의 지진

우리는 어떤 점쟁이가 몇 월 몇 일에 지진이 있을 거라 예언을 했고, 그것이 들어맞았다는 내용의 발표를 가끔 듣곤 한다. 이런 이야기를 듣고 어떤 사람은 놀랄 것이고, 어떤 사람은 과연 그 점쟁이에게 미래를 예지하는 신통력이 있구나 하는 생각에 마음 든든해질 것이다. 만약 이 점쟁이가 3년에 걸쳐(1994, 1995, 1996년) 지진이 일어날 날을 166일 예언했고, 그 가운데 실제로 지진이 일어난 날이 33일이었다는 발표를 듣는다면, 우리는 그의 신통력 앞에서 경탄을 금치 못할 것이다.

그러나 이것이 진정 합리적인 태도인가? 이런 자료는 정당화될 수 있는가? 통계에 따르면, 진도가 6.5 이상 되는 지진, 혹은 사망이나 부상, 심각한 물질적 피해를 초래한 지진만을 고려 대상으로 삼는다 해도 1994년에서 1996년까지 전 세계에서 지진이 일어난 날은 196일에 달한다.[*] 이제 우리는 좀 더 견고한 바탕 위에서 다음의 문제에 접근해볼 수 있을 것이다. 1096일(즉 3년) 동안, 지진이 예언된 169일 중 33일이 실제로 지진이 일어난 날들과 ─ 순전히 우연에 의해 ─ 겹칠 확률은 얼마나 되는가? 독자들의 수고를 덜어주기 위해 우리가 미리 계산해본 결과, 그 확률은 약 7.1퍼센트였다.

여러분은 7.1퍼센트라는 결과치를 듣고, 이후 점쟁이의 예언을 더 신뢰하게 될지도 모른다. 하지만 문제는 점쟁이가 자신이 지진

─────────────
[*] 이 통계의 출처는 미국의 '국립지진정보서비스National Earthquake Information Service' 이다.

발생 날짜를 정확히 33번 맞추게 될 거라고는 미리 말하지 않았다는 점이다. 만일 그가 지진 발생일을 37번, 혹은 41번, 혹은 53번, 혹은 N번 맞추었다 해도, 이 모든 것은 그에게 유리한 쪽으로 계산되었을 것이다. 그러므로 우리는 다음과 같은 질문을 제기해야 마땅하다. 지진 발생일을 최소한 33번 맞출 확률은 얼마나 되는가? 이 확률은 점쟁이가 33번 맞출 확률부터 169번 전부 맞출 확률까지를 다 더한 것으로 30.5퍼센트에 달한다. 결코 낮지 않은 확률이라 할 수 있다!

좋은 그래프 하나가 장황한 설명보다 나을 수 있으므로, 이 상황을 표현한 그래프를 살펴보도록 하자. 이 그래프는 예측이 맞은 0일부터 169일까지 각 경우의 확률을 표시하고 있다.•

이 그래프를 자세히 살펴보면 흥미로운 사실을 한 가지 발견하게 된다. 점쟁이에게 일어날 수 있는 가장 놀랍고 비정상적인 일은, 바로 그가 항상 틀리는 것이라는 사실 말이다. 사실 계산대로라면, 한 번도 맞추지 못하는 것이야말로 정말 깜짝 놀랄 만한 일이 아닐 수 없다. 그래프에서 보다시피 그럴 확률은 매우 낮기 때문이다. 마찬가지로 단 1번만 맞출 확률 역시 매우 낮으며, 10번 이하로 맞추는 것 또한 비정상적인 일에 속한다. 만일 그런 경우가 일어나게 된다면 문제의 점쟁이 주위를 감돌고 있는 어떤 신비로운 기운, 즉 항상 틀리게 만드는 어떤 힘의 존재를 증명해줄 수도 있을 것이다. 이

• 이 그래프는 다음과 같은 질문에 답하고 있다. '3년에 걸쳐 예언된 169일의 지진일 동안 — 순전히 우연에 의해 — N번의 성공을(여기서 성공이라 함은 예언된 날에 실제로 지진이 일어나는 경우를 말한다) 거두게 될 확률 P는 얼마인가?'

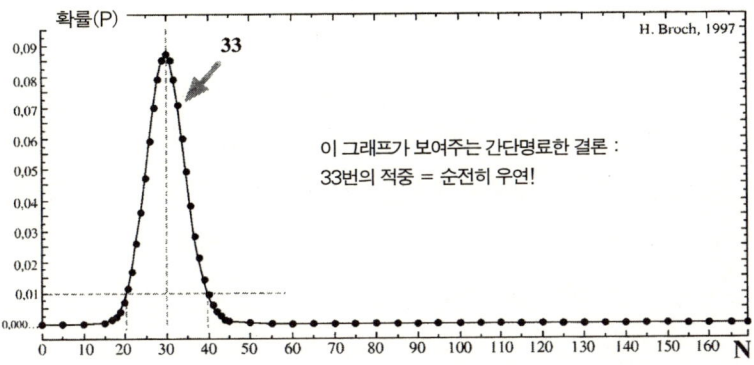

얼마나 역설적인 일인가!

그런데 이 그래프에서 흥미로운 사실을 하나 더 발견할 수 있다. 1퍼센트 이상의 성공 확률을 가진 날들은 21일에서 39일에 이르는 부분인데, 이 부분의 전체 확률은 96퍼센트 이상이 된다는 사실이다(정확히 말해서 96.3퍼센트). 이는 곧 여러분 중 누구라도 원한다면 교주, 점쟁이, 혹은 점성술사가 될 수 있다는 말이다. 특별한 정신적 능력이 없어도 3년 동안 아무렇게나 되는대로 169번의 지진 발생일만 예언하면 그 가운데 21번에서 39번까지 맞출 확률이 96퍼센트를 넘을 것이기 때문이다! 틀리는 경우가 있긴 하겠지만 그런 것을 대중 앞에서 굳이 언급할 필요는 없으며, 실력 있는 심령술사로서 탄탄한 명성을 쌓아갈 소질이 얼마든지 있는 것이다.

예지 능력

　다음과 같은 상황을 한번 상상해보자. 당신은 침대 위에 편안히 누워 있다. 지금은 새벽 6시 4분이며 당신은 아직도 잠에서 덜 깬 상태이다. 당신이 몸을 일으키려 하는데 어떤 생각 하나가 당신의 머리 속을 비수처럼 파고든다. 당신이 젊었을 때 방탕한 생활을 함께 했던 사촌형제가 생각났던 것이다. 그가 외국에서 살게 된 이후, 그를 못 본 지 벌써 여러 해가 흘렀다. 그에 대해 생각해본 지조차 벌써 한참 된 셈이다.

　이제 6시 8분이다. 갑자기 소름끼칠 듯한 전화벨 소리가 들리고, 수화기를 간신히 들어올린 당신은 슬픈 소식을 전해 듣는다. 당신의 그 사촌형제가 사망했다는 것이다. 이런 경우 누구라도 이 두 사실을 연결시키지 않을 수 없을 것이다. 바로 이것이야말로 '예지' 라는 신비로운 현상이 존재한다는 증거, 우리가 그토록 기다려 왔던 증거가 아닌가? 누가 이것을 부인할 수 있으랴? 우연의 일치로 이런 일이 일어나는 것은 불가능하다. 아마도 죽어가는 사람이 살아 있는 사람에게 텔레파시를 통해 어떤 메시지를 보냈을 것이다. 등등.

　자, 이제 이 경우를 좀 더 면밀하게 검토해보자. 우리가 부딪힌 문제는 이렇게 요약될 수 있을 것이다. 어떤 사람을 생각한 후 5분 안에, 그 어떤 초자연적인 요소도 배제된 조건에서, 즉 순전히 우연에 의해 그 사람의 사망 소식을 들을 확률은 얼마나 되는가? 이 문제를 구체적으로 해결하기 위해 우리가 알아야 할 사항은 두 가지이다. 첫 번째는 우리가 1년이라는 기간 동안에 사망 소식을 듣게 되는 전체 사람들의 수, 두 번째는 같은 기간 동안에 우리가 이 사람들에 대해 생각하는 횟수이다.

우리의 계산 결과에 더 큰 신뢰성을 부여하기 위해 우선 아주 적은 수의 사람으로 시작해보자. 첫 번째 계산을 해보자. 우리는 10명의 사람을 알고 있고(여기서 '알고 있다'라는 말은, 우리 나라 대통령을 개인적으로는 아니지만 그냥 알고 있다라는 말처럼 매우 넓은 의미로 사용되었다) 1년 동안에 그 10명의 사망 소식을 듣게 된다.

두 번째 계산을 해보자. 이 1년이라는 기간 동안에 우리는 이 사람들 각각에 대해 단 한 번 생각한다.

우리가 1년 동안 생각했던 10명의 사람 가운데 어느 특정한 한 사람을 대상으로 살펴보자. 1년이라는 시간 동안, 어떤 장소가 될지는 모르지만 여하튼 어딘가에서 우리가 그 사람에 대해 생각하게 되는 순간이 올 것이다. 그런데 1년을 5분 단위로 나누면 10만 5천 120개의 5분 조각이 생긴다. 이 10만 5천 120개의 5분 조각 중에서도 특히 우리가 어떤 사람에 대해 생각하고 있는 5분 조각에, 하필이면 그 사람의 사망 소식이 전해질 확률은 과연 얼마나 될까(그림 3-2 참조)?

일테면 우리가 눈을 감고, 즉 모든 걸 우연에 맡기고 10만 5천 120개의 칸이 있는 체스판 위에 구슬을 던진다고 하자. 그 체스판의 칸 중에 단 한 칸만이 빨간색일 경우, 이 구슬이 그 빨간색 칸 위에 떨어질 확률은 얼마나 되는가? 답은 물론 10만 5천 120분의 1이

127

그림 3-2

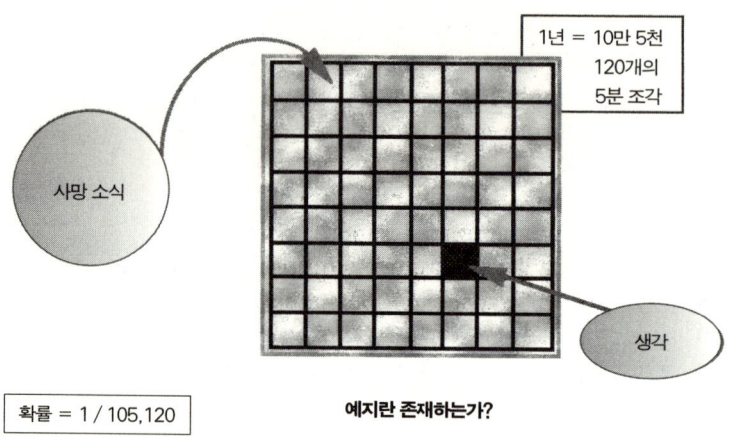

1년 = 10만 5천 120개의 5분 조각

사망 소식

생각

확률 = 1 / 105,120

예지란 존재하는가?

다. 즉 극히 작은 확률인 것이다.

그렇다면 예지란 것은 존재한다고 말할 수 있는가? 너무 성급하게 결론내리지는 말자. 1년 안에 사망 소식을 듣게 될 나머지 아홉 사람의 경우 역시 계산해야 하니 말이다. 아홉 사람 각각에게 그 '생각-사망 소식'이라는 사건이 일어날 확률은 앞의 경우와 마찬가지로 계산되며, 따라서 동일한 결과를 얻는다. 즉 10만 5천 120분의 1인 것이다. 자, 이제 결론을 내리자. 이러한 사건이 일어날 전체 확률은—이 열 개의 확률의 총합이므로—1만 512분의 1로 줄어든다. 그러나 이 역시 여전히 작은 확률이다.

그런데 우리는 여기서 다음과 같은 사실을 상기할 필요가 있다. 우리들 각자는 예외적인 존재가 아니며, 우리의 이웃들 역시 우리처럼 생각할 수 있다는 사실 말이다. 이는 곧 전체 프랑스 인구에서 아주 나이 어린 아이들을 제외하고 1년 중 이런 일이 일어날 수 있는 사람의 수가 5천 5백만 명이라 할 때, 1년 안에 '생각-사망 소식'이라는 사건이 일어날 수 있는 사람의 수는 1만 512분의 1 곱하기 5천 5백만, 즉 5천 232명이나 됨을 뜻한다! 다시 말해, 프랑스에서 이런 신비스런 예지 현상을 보여주는 사건이 순전히 우연에 의해 매일 10번 이상* 일어날 수 있다는 것이다!

이는 이 신비스런 예지 현상을 둘러싼 일반인들의 호기심을 부풀리기에 충분한 수치라 할 수 있다. 특히 실제로 일어날 확률이 처음에 예상했던 것보다 훨씬 높기 때문에 더욱 그렇다. 우리 주위 사람 중에서 이런 일을 겪은 사람이 없을 확률이야말로 거의 없는 것이다.

이런 유형의 예지와 관련된 사건들은 기실 매우 널리 퍼져 있으며, 또한 아무런 신비적 요소도 갖고 있지 않다. 만일 이런 일이 일어나지 않는다면, 그것이야말로 정말 신비한 현상이라 봐야 할 것이다!

....
* 더 정확히 말하자면 14번 이상. 그러나 여기서 우리의 관심사는 정확한 수치보다는 이 확률이 얼마나 큰가를 보여주는 데 있다.

하늘의 징조들

1995년 5월, 이 책의 저자 중 한 명은 출근하는 길에 하늘에서 매우 희귀한 대기 현상을 목격했다. 약 90도 각도로 벌어진 거대한 햇무리가 져 있었던 것이다. 태양 주위를 커다란 고리 모양의 빛나는 테가 둘러싸고 있었는데, 대기 중에 떠 있는 미세한 얼음 입자들에 의한 빛의 굴절이 이 현상의 주 원인이었다. 이 장면을 목격한 저자는 집에서 얼른 카메라를 들고 나와 사진을 몇 장 찍었다. 이 놀라운 현상을 학생들에게 보여주기 위해서였다.

정말로 놀라운 일 아닌가? 집에서 무심코 나오다가 이렇게 희귀한 현상과 마주치게 되다니! 이런 현상이 목격될 확률은* 매우 낮은 것이 사실이다. 하지만 이 현상 자체가 과연 그토록 엄청나게 기이한 것일까?

물론 이 현상은 놀라운 것임에 틀림없다. 하지만 상식을 뛰어넘는 희귀한 자연 현상들은 생각보다 훨씬 더 많다. 그리스도 형상을 한 구름, 자전거 혹은 자동차 모양의 구름, 노아의 방주처럼 보이는 빛나는 구름, 렌즈 형태의 구름, 두 개의 '가짜 태양'**에 둘러싸인 태양, 마른 하늘에서 내리는 비, 거대한 우박, 지중해 지방에 내린 서리(지중해 지방은 기후가 온화해 좀처럼 서리가 내리지 않는다),

....

* 두 배 정도 작은 각진 햇무리는 훨씬 더 빈번히 일어나며, 우리가 본 것 같은 큰 햇무리 역시 일 년에 여러 차례 관측된다.

** 태양 주위 햇무리의 어떤 지점에 빛이 집중되어 일어나는 현상. 대기 중의 얼음 입자들로 인한 빛의 굴절과 반사에 의해 일어나기도 한다.

130

개구리 비(개구리들이 비에 섞여 하늘에서 떨어지는 현상), 지붕 위에 사이좋게 나란히 앉아 있는 개와 고양이, 창가에 일렬로 쭉 붙어 있는 도마뱀 가족, 어디에선가 바람을 타고 날아와 이웃집 벽에 걸려 있는 성(聖) 수의(壽衣),* 아스팔트 도로 위를 달려가는 멧돼지, 선명히 보이는데다 그 위치가 분명한 소용돌이 바람, 지면 바로 위를 천천히 지나고 있는 불덩어리…… 이 재미나고도 기이한 목록에, 먹이를 물에 씻어 먹는다는 그 귀여운 북미산 너구리를 포함시키지 못할 이유도 없지 않은가? 그리고 일식(日蝕) 역시 빼놓을 수 없을 것이다.

얼마 전, 프랑스 남동부 지방 사람들은 아주 기이한 밤을 체험했다. 뭔지 모를 기이한 빛이 나고, 무덥기 짝이 없는 밤이었다. 어찌나 분위기가 괴이하던지 세상의 종말을 예고하는 것처럼 보일 정도였다. 수많은 사람들이 소방서와 신문사에 전화를 걸어왔다. 그 지방의 한 유력 일간지는 다음과 같은 헤드라인을 달아 이 현상을 기사화하기도 했다. '코트 다쥐르 지방의 번쩍이는 밤'

이것은 1999년 8월 10일과 11일 사이의 밤에 일어난 일이다. 독자 여러분은 무언가 생각나는 것이 없는가? 이 날은 바로 그 유명한 일식이 있었던 1999년 8월 11일 전날 밤이었던 것이다. 당시 이 일식은 세간에 큰 화제가 되었으며, 무수한 관련 기사들이 쏟아져 나왔고, 숱한 유명 디자이너들,** 혹은 여자 점쟁이들로 하여금 이와

....
* 이것은 실제 상황이다! 이 책의 저자 앙리 브로크의 연구실 창문에도 어디에선가 바람에 날려온 성 수의들이 걸려 한가롭게 햇볕에 건조되는 경우가 왕왕 있다(바람에 날려와 창가에 걸린 남의 집 빨래에 대한 유머러스한 표현 ─ 옮긴이).

관련된 어처구니없는 말들을 수도 없이 쏟아내게 만들었다. 그런데 이 기억할 만한 일식이 있기 바로 전날, 엄청나게 큰 우연들***에 의해, 운석 현상이 겹치게 되었던 것이다. 사람들은 이 기이한 우연의 일치 때문에 심한 불안감을 느꼈다.

그런데 이런 굉장한 우연의 일치가 사실은 끊임없이 일어나고 있다는 사실을 알아야 한다. 심지어는 우리의 평범한 일상에서도 왕왕 일어나고 있기 때문에, 누구든 한 두 번은 경험해봤을 것이다. 이 책의 저자인 우리 역시 예외는 아니었다. 한 예로 1997년 4월 초, 앙리 브로크에게 일어난 일을 소개하고자 한다.

그 날 저녁, 앙리 브로크는 헤일-밥Hale-Bopp 혜성 사진을 몇 장 찍기로 했다. 1995년에 앨런 헤일과 토머스 밥에 의해 발견된 이 혜성은 육안으로도 포착될 만큼 광도(光度)가 강했기 때문에 쉽게 촬영할 수 있었다. 게다가 이번 기회를 놓치면 앞으로 2천 700년은 족히 기다려야 할 것이므로, 사진 촬영은 당장 해두는 편이 좋았다. 삼각대 위에 카메라를 설치해놓고 북서 방향의 지붕 위에 나타난 혜성을 향해 고정시킨 다음 … 찰칵 … 셔터는 장노출을 줄 수 있도록 맞춰놓았다. 카메라는 매순간 필름에 상을 맺히게 할 것이며, 그

....

** 스페인 출신의 패션 디자이너이자 점성술사로도 활동하고 있는 파코 라반은 당시 "개기일식 한 시간 전, 러시아 우주정거장 미르가 파리에 추락하면서 엔진의 플루토늄이 폭발해 파리 등 3개 지역이 불바다가 된다"는 끔찍한 엉터리 예언을 한 바 있다. ─옮긴이

*** 여기서 이 표현은 의도적으로 사용한 것이다. 우연을 '큰' 우연과 '작은' 우연으로 구별하는 것이 가능한가? 또 그것을 복수로 쓸 수 있는가? 사실 우연은 단지 우연일 따름이며, 굳이 복수로 쓸 필요가 없다. 하지만 여기서 이렇게 특별한 표현을 사용한 것은, 여러 가지 다른 종류의 확률들이 존재한다는 사실을 나타내기 위함이다. 즉 세상에는 아주 낮은 확률을 가진 사건들이 존재하며(즉 '큰' 우연), 아주 높은 확률을 가진 사건들 역시 존재하는 것이다('작은' 우연).

이상 더 조정할 것은 아무것도 없었다. 단지 기다리기만 하면 끝이었다.

그런데 그 결과로 나온 사진이 바로 그림 3-3이다. 사진의 왼쪽 끝 부분에서 시작해 지붕 위까지 오른쪽으로 죽 그어진 길다란 빛의 선은 물론 혜성이 남긴 것이 아니다. 혜성은 사진의 중앙에 보이는 밝은 부분이다. 그것은 믿을 수 없는 우연에 의해 같은 시각에 나타나 혜성의 머리 부분을 슬쩍 스치고 사라진 비행기가(그런데 이 비행기는 셔터를 누르는 그 순간에는 나타나지 않았다) 남긴 궤적이었다!

이러한 일이 발생할 확률은 극히 미미하다. 물론 이 혜성을 촬영한 전 세계의 사람들의 수와, 밤 하늘에 자신의 궤적을 남기고 지나

그림 3-3

가는 전 세계의 모든 비행기의 수를 계산한다면야 이 확률도 그토록 엄청나게 낮지는 않겠지만 말이다.

그러나 이보다 한층 더 중요한 것은, 이 특별한 사건의 발생을 미리 예측하지 않았다는 바로 그 점이다. 매우 낮은 확률을 가진 그 어떤 다른 사건들 역시 이 혜성 출현과 마찬가지로 일어날 수 있었을 것이고, 우리는 이렇게 일어난 사건의 기이함에 똑같은 방식으로 놀랐을 것이다. 예를 들어 하늘에 떠 있는 단 하나의 구름 조각이 혜성을 가리게 되는 일, 혜성이 폭발하여 그것을 직접 촬영할 수 있게 되는 일, 강력한 탐조등을 장착한 헬리콥터가 마침 촬영 중인 하늘을 가로지르는 일(멀지 않은 곳에 군사 기지가 있기 때문에), 고양이가 삼각대를 건드려 나중에 현상을 해보니 혜성은 간데없고 하늘만 나타나는 일, 고양이가 지붕 위로 올라가 혜성 바로 아래에 꼼짝 않고 앉아 있는 일, 경미한 지진이 일어나(이 지방에서는 간혹 일어나는 일이다) 삼각대가 흔들리는 바람에 나중에 괴상한 결과가 나타나는 일, 어떤 사건(아들의 생일 혹은 혜성의 도래)을 축하하기 위해 이웃집 사람이 쏘아 올린 폭죽이 혜성 주위에 퍼지는 일, 혹은 바로 이 날 저녁 마침 카메라가 고장나는 일 등등.

햇무리, 비행기가 스치고 간 혜성, 그리고 일식 전날에 떨어진 운석들로 빛난 밤…… 이 개연성 낮은 사건들은 모두가―이 '개연성 낮은'이라는 형용사가 보여주듯―일어날 확률이 아주 작은 사건들이었다. 때문에 이러한 사건들 중 하나가 일어나게 되면 사람들은 당장에 '와, 기이하다!'라고 감탄한다. 그렇다. 하지만 그 누구도 이 특정한 사건이 일어나게 되리라고 미리 말하지 않았다. 그런데 사람들은 그 어떤 종류의 개연성 낮은 사건이 일어나든 매번 탄성을 터뜨리는 것이다.

그러므로 우리는 다음과 같은 사실을 유념해야 한다. 각기 독립된 사건들이 일어났을 때, 사전에 특별히 지정되지 않은 어떤 사건이 일어날 수 있는 확률은 모든 사건들이 각각 독립적으로 갖는 확률의 총합이라는 사실 말이다. 물론 이 사건들 각자가 갖는 확률은 매우 낮다. 그러나 이 낮은 확률들 전체를 합하면 결코 무시할 수 없는(크다고 할 수는 없겠지만) 확률이 된다.

즉 사전에 결정된 특정 사건의 발생 확률은 매우 낮은 반면, 어느 것이든 간에 사건 중 하나가 무작위로 일어날 확률 그 자체는 결코 낮지 않은 것이다!

위험의 계단화

개연성이 낮은 사건들, 즉 실현 가능성이 아주 낮은 사건들의 수는 반대로 상당히 많아서 이들 가운데 무작위로 어떤 사건이 실현될 가능성은 충분히 크고, 따라서 우리는 거의 필연적으로 그들 중 하나가 실현되는 것을 직접 경험하게 된다는 사실을 지금까지 확인해보았다. 하지만 우리는 이런 사실을 본능적으로는 잘 이해하지 못한다. 마찬가지로 매일, 매주, 혹은 일정 기간 동안 우리에게 닥칠 수 있는 위험의 확률이 매우 낮을 때, 비록 그것들이 한 영역 안에서 누적된다 할지라도, 우리는 이 위험들을 잘 감지하지 못한다.

수학자 샘 손더즈(워싱턴주립대학)는 이 사실을 한 마리의 개구리와 담배를 예로 들어 명쾌하게 설명한 바 있다.[26] 개구리 한 마리를 뜨거운 물 속에 집어넣어보자. 놈은 당장에 뛰쳐나오려 할 것이다. 하지만 놈을 개구리의 체온에 적합한 미지근한 물 속에 집어넣으면 어떻게 될까? 놈은 물 속에 얌전히 앉아 있을 것이다. 그리고 당신이 물의 온도를 높이기 시작해도 아무 반응을 보이지 않을 것이다. 이렇게 조금씩 조금씩 물의 온도를 높여가도 개구리는 끝까지 움직이지 않고 있다가 결국에는 맛있게 삶아질 것이다! 즉 온도의 급격한 변화에는 개구리가 반응하는 데 반해, 오랜 시간을 두고 조금씩 진행되는 온도 변화에는 아무런 반응도 보이지 않는 것이다.

인간 역시 마찬가지이다. 물론 물이 입까지 차 오르는 커다란 냄비 속에 우리가 들어갈 리는 없다. 그저 우리의 일상 속에서 위험이 서서히 축적되고 있다는 사실을 정작 우리 자신은 모르고 지낸다는 것을 지적하고 싶을 따름이다.

예를 들어 흡연에 대해 한번 생각해보자. 지금까지 발표된 모든 자료의 경고를 무시해버리고, 모든 면에서 아무 해도 없는 담배가 있다고 가정해보자. 이 새로운 담배는 우리의 건강에 아무런 해도 끼치지 않을 것이다. 그런데 모든 법칙에는 예외가 있기 마련이다. 그 예외란, 이 담배를 만드는 특수한 제조 과정 탓에 2만 갑 중에서 딱 1개비의 담배는 폭발성이 있게 제조되었다는 것이다. 게다가 그 폭발 위력은 흡연자의 머리를 날려버릴 정도라고 가정해보자.

그러나 담배 한 갑에는 20개비가 들어 있으며, 또 2만 개의 갑 중에서 문제가 있는 갑은 단 한 갑에 불과하다. 이 경우 위험성은 정말 작다고 할 수 있다. 머리가 날아가버릴 확률은 40만분의 1에 불과하니 말이다. 그런데 위험성은 정말 작다고 할 수 있는 반면, 사고는 그야말로 순식간에 일어난다. 즉 이 작은 위험성은, 그러나 그 결과가 너무 끔찍해 많은 흡연자들로 하여금 담배를 끊게 만들 수 있을 것이다.

프랑스에서는 하루 약 400만 갑의 담배가 판매되고 있다. 이는 만일 새로운 담배 제조법이 시행된다면 매일 약 200명의 머리가 날아가버릴 거라는 의미도 된다. 1년이면 약 7만 명이 넘는 수치이다. 이쯤에서 여러분이 지를 비명이 들린다. 이 무슨 끔찍한 살육인가! 물론 여러분이 옳다. 왜냐하면 이 숫자는 무수한 캠페인과 안전대책에도 불구하고 교통사고가 초래하는 인명 피해보다도 훨씬 더 큰 수이기 때문이다. 하지만 이 7만이라는 수가 현재 담배로 인한 연간 사망자의 수보다는 훨씬 적다는 사실을 알고 있는 사람이 몇이나 될까? 현재 프랑스에서는 매년 10만 명이 넘는 사람들이 담배로 인해 천수(天壽)를 못 채운 채 세상을 뜨고 있는 것이다.[27] 이처럼 보통 담배가 지니고 있는 위험성은 폭발 담배의 그것보다 높은데도 불구하고 사람들에게 받아들여지지 않고 있다. 여기서 우리가 알 수 있는 것은 무엇인가? 그것은 비합리성의 바다에 빠져 허우적대고 있는 것은 비단 초자연 현상들을 좇아다니는 신비주의자들만은 아니라는 사실이다.

의미의 추구

아래 그림을 보라. 당신에게는 무엇이 보이는가?

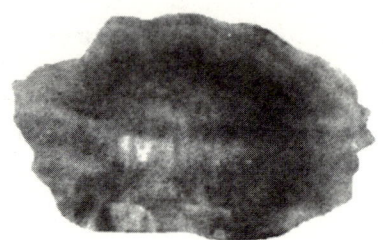

그림 3-4

뭐라고? 아무것도 보이지 않는다고? 그럼 이번엔 아래 그림•을 다시 보라.

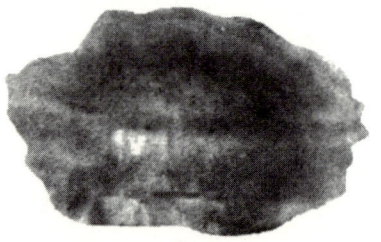

그림 3-5

그리고 집중하여 그림 3-4를 다시 한 번 보라. 그 그림 가운데 나타나는 어떤 윤곽들을 볼 수 있게끔 말이다. 자, 이제는 훨씬 낫지 않은가? 당신은 그림 속 형상을 예수, 카를 마르크스, 1960년대에 유행했던 텁수룩한 히피, 혹은 이웃집 털보 아저씨 중 누구와 연결시킬까, 좀 망설일 수도 있을 것이다. 그러나 이 '성스러운 출현'을 실제로 본 사람들은 조금도 망설이지 않고 말했다. 그들에게 이것은 의심의 여지 없이 예수 그리스도의 얼굴이었던 것이다.

이렇게 해서 시에르크-레-뱅이라는 조그만 마을이 갑자기 유명해졌다. 이 모든 일은 1985년 10월, 마을 중심부에 있는 어떤 집 벽에 습기로 인해 생겨난 얼룩 때문에 일어났다. 많은 사람들이 이 얼룩에서 구세주의 출현을 보았고, 이 문제의 벽을 구경하기 위해 수많은 관광버스들이 이 조그만 마을로 들이닥쳤다.

우리가 제공하는 현장 사진을 통해(그림 3-6 참조), 여러분은 이 마을의 그리스도가 가장 찬란한 명성을 누리고 있을 당시의 모습이 어떠했던가를 확인할 수 있을 것이다.

여기서 우리는 앞서 우리가 개연성 없는 현상들에 관해 말한 내용으로 되돌아오게 된다. 습기, 혹은 다른 원인으로 말미암아 생겨난 얼룩들이 한 마을의 벽 위에 얼마나 많을 것인가? 프랑스의 모든 마을의 벽에는 또 얼마나 많은 얼룩이 져 있을 것인가? 또한 문제가 되는 것이 왜 벽뿐이겠는가? 예를 들어 — 물론 이것은 좀 더 드문 경우이긴 하겠지만 — 땅 위에 이런 얼룩이 나타난다 해도 사람들의 반응은 별반 다를 바 없을 것이다.

수천, 아니 수십만 개의 얼룩들 가운데, 우리가 관심을 두는 것

---

* 이것은 앞의 사진의 눈과 입 부분을 살짝 덧칠하여 강조한 것이다.

© H. Broch

그림 3-6

은 우리에게 어떤 의미를 갖는 것들, 즉 우리에게 무언가를 상기시
키는 것들뿐이다. 즉 로르샤하Rorschach 잉크 테스트*와 같은 가치
를 지니는 것들 말이다. 종이와 벽이라는 차이, 그리고 크기가 다르
다는 차이만 있을 뿐, 적용되는 인식 과정은 동일하다.

얼마 전 테러 공격의 목표물이 되었으며, 아직도 그 충격의 여파
가 전 세계를 울리고 있는 뉴욕의 세계무역센터 쌍둥이 빌딩은 붕괴
당시의 생생한 모습이 그대로 카메라에 잡혔다. 이 때 쏟아져 나온

---

* 열 장의 카드에 찍힌 추상적 형태의 잉크 반점을 각 개인에게 해석하게 하여 그의 심리 상태를 알아보는 심리
  투사 테스트 — 옮긴이

무수한 이미지들을 이용할 기회를 미디어들이 놓칠 리 없었다. 그리하여 우리가 보게 된 것은 이번에는 그리스도가 아니라 악마였다.

몇 년 전, 초자연 현상에 대한 과학적 조사를 주로 하는 한 미국 잡지의 편집장은[28] 인간 두뇌의 가장 아름다운 속성 중 하나는, 우리를 둘러싼 것들 가운데 어떤 줄거리가 있는 이야기를 인식하고, 나아가 그것의 의미를 추구하는 고도로 발달된 능력이라고 말한 바 있다. 인간 존재는 자신이 처한 환경을 이해하고 그것에 적응하려 애쓰고 있으며, 따라서 환경으로부터 어떤 '줄거리'를 발견해내는

그림 3-7

사진 출처 : www.cnn.com (DR)

사진 출처 : www. ap. org (AP, Sipa Press)

그림 3-8

능력은 본질적으로 중요하다. 이 능력이야말로 인간의 위대한 지적 명민성을 증거하기 때문이다. 그런데 문제는 우리가 이 능력을 잘 통제하지 못한다는 사실에 있다. 우리의 두뇌는 아무 의미도 없는 것에서 모종의 줄거리, 의미, 방향성을 찾으려 고집하기도 하며, 바로 이 때문에 숱한 오류를 범하기도 하는 것이다.

외부적인 혹은 내부적인

이제 지금까지의 논의를 종합해보자. 기이한 우연의 일치에는 두 개의 원인이 있다고 볼 수 있다.

첫 번째 원인은 외부적인 것이다. 이것은 감추어진 원인이다. 즉 '정상을 벗어나는' 결과를 가져오는 잘못된 측정 도구,[29] 혹은 모종의 장난, 속임수, 트릭, 사기 등이 이에 해당한다. 이 원인은 감추어져 있기는 하지만, 많은 경우 결국에는 밝혀낼 수 있는 것이어서, 범해진 오류는 정정이 가능하다. 물론 이를 위해서는 장기간에 걸친, 그리고 비용이 많이 드는 조사들이 필요하고, 또 일부 초심리학 '연구자'들을 배제해야 할 경우가 종종 생기기도 하지만 말이다.

두 번째 원인은 내부적인 것이다. 이것은 내부적이기 때문에 통제하기 쉬워 보이지만 실상은 알아내기 더 어렵다. 왜냐하면 이것은 자기 자신을 돌아보는 쉽지 않은 작업을 요구하기 때문이다. 이두 번째 원인은, 기이한 사건들도 사실은 수많은 개인들과 경우의 수, 그리고 긴 시간 등을 고려하면 결국 충분히 일어날 수 있는 일들이라는 사실을 이해하는 데 있어서 우리가 보이는 뿌리 깊은 무력함이라 할 수 있다.

앞에서 우리가 내린 결론들을 상기해보자. 사전에 규정된 특정 사건이 일어날 확률은 매우 낮다. 반대로 명확히 규정되지 않은 불특정 사건 — 즉 가능한 사건들 중 그 어느 것이라도 — 이 일어날 확률은 꽤 높다. 다시 한 번 강조하자. 이 반대의 경우, 즉 이런 일이 일어나지 않는 것 자체야말로 비정상적이라는 사실을.

"세상이 참 좁기도 하지!", "이런 일이 나에게 일어나다니 정말 신기해! 안 그래?", "참 이상한 우연의 일치군!" 등과 같은 말들은 결국 너무나도 정상적인 감탄문인 것이다.[*] 그리고 대부분의 경우 이 감탄사들은 우리의 일상을 지배하는 개연성의 법칙에 대한 우리의 무지를 드러내는 것에 지나지 않는다. 이 무지, 아니 더 정확히 말해 이 미숙한 평가는 초자연적 세계에 대한 우리의 믿음을 떠받치는 기둥 중의 하나이다.

우리를 둘러싼 환경과 우연의 법칙에 대한 이 모든 관측을 통해 우리가 내릴 수 있는 결론은 무엇인가? 그것은 '기이한 것 l'extra-ordinaire'이 문자 그대로 단순히 '정상궤도를 벗어나는 것'을 의미한다면, 이는 참일 확률이 매우 높다는 사실이다. 그러나 우리의 어머니인 대자연은 이 모든 것들을 포괄할 수 있을 만큼 충분히 거대하다. 초자연이라는 것, 즉 자연을 뛰어 넘는 것은 아직 필요치 않은 것이다.

----

[*] 그렇다고 해서 이런 표현들이 옳다거나 정당화될 수 있는 것은 아니다.

4_셜록 홈즈식 수사

친애하는 왓슨군, 자네는 정말이지…

우리는 이 장에서 대학에서 일어나고 있는 비합리적이고 몰지각한 일 몇 가지를 보여주고자 한다.

이것은 4개의 셜록 홈즈 식 조사라고 할 수 있을 것이다.•

• 우리가 이 유명한 탐정을 엄정한 조사의 상징으로 삼긴 했지만, 그렇다고 해서 우리가 이 인물을 창조해낸 사람, 즉 작가 자신이 가졌던 신념들에까지 동조하는 것은 아니다. 사실 코넌 도일Conan Doyle은 초자연 현상에 대한 열렬한 신봉자였으며, 아주 순진한 초심리학자이기도 했다. 이런 성향으로 말미암아 그는 우스꽝스러운 일들을 범하기까지 했다. 예를 들어 그가 쓴 책 『요정들의 도래』에는 두 소녀가 초원에서 촬영했다고 주장하는 날개 달린 요정들의 사진이 진짜라는 주장이 담겨 있다. 아서 코넌 도일 경(卿)은 사실 그의 소설 속 주인공만큼은 명철하지 못했던 것이다.

먼저 우리는 수맥탐색추, 수맥탐색봉, 그리고 방사선 탐색* 등에 대해 조사해볼 것이다. 그 과정에서 단순함과 엄격함의 모범이 될 만한 탁월한 실험들을 행한 화학자 슈브뢸이 등장할 것이다.

당신은 마치 페스트를 두려워하듯 방사능을 무서워하고 있는가? 성수반(聖水盤) 속에 갇힌 악마가** 튀어나올까 두려운가? 그렇다고 치자. 하지만 당신은 인류 전체의 미래가 걸린 중대한 결정들이 편파적 이념가들의 쇳소리 나는 비명에 전적으로 좌우되고 있는 작금의 상황이 정상이라고 생각하는가?

또한 당신은 몇몇 대학에서 — 연구 부족, 학문적 엄격함의 부족, 무능함, 혹은 언론에 오르내리고 싶은 욕망으로 인해 — 오류와 허위 사실, 터무니없는 거짓말로 가득한 쓰레기 같은 연구 결과를 자신들이 누리는 권위로 승인해주고, 삼류 신문의 인생 상담 코너에나 실릴 만한 유치한 주장들을 '매우 우수한' 박사 학위 논문이라며 소개하고 있는 얼치기 교수들의 행태가 정상이라고 생각하는가?

우선 우리로 하여금 많은 것을 생각하게 해주는 이야기부터[30] 하나 하고 넘어가기로 하자. 셜록 홈즈와 왓슨 박사가 함께 캠핑을 하고 있었다. 몇 잔의 맥주와 버본 위스키 반 병을 곁들인 푸짐한 식

....

* 여기서 말하는 방사선 탐색radiesthésie이란, 원자력 방사선 탐색이라는 과학적 영역이 아니다. 오히려 탐색추나 탐색봉 같은 특수한 도구, 혹은 탐색가 자신이 지닌 특별한 감지 능력으로 생명체, 물, 광물, 혹은 기타 물체에서 방사(放射)되어 나온다고 추정되는 여러 가지 기운을 감지하고 찾아내는 서양 재래의 전통적이고도 미신적인 활동을 의미한다. 수맥 탐색은 이 활동의 일부이다. 이 책에서 사용되는 '방사선 탐색'이란 용어는 특별한 경우가 아닌 한 이 활동을 지칭한다. — 옮긴이

** 성당 입구에는 성수(聖水)가 담겨 있는 성수반이 놓여 있는데, 서양의 민간 전설에 의하면 이 속에 악마가 갇혀서 빠져나오려 발버둥치고 있다고 한다. 여기서는 물질 속에 갇혀 있는 원자력(즉 방사능)을 인간이 끄집어내어 이용할 때 파생되는 '악마적인' 부작용을 빗대어 말하고 있다. — 옮긴이

사를 마친 후, 그들은 침낭 속에 들어가 혼곤한 잠에 빠져들었다. 몇 시간 후 잠이 깬 홈즈는 조금도 지체하지 않고 왓슨 박사를 흔들어 깨웠다.

— 왓슨군, 하늘을 한번 쳐다보게. 그리고 자네가 생각하는 것을 내게 말해보게!

— 나? 내게는 수백만 개의 별들이 보이는군.•

— 완벽해! 이 사실에서 자네는 어떤 결론을 끌어낼 수 있겠나?

— 천문학적으로 말하자면, 이 우주 안에는 수백만 개의 은하계가 있으니, 아마도 수십억 개의 행성들이 존재하겠지. 점성술적으로 말하자면, 토성이 딱 사자자리에 도달해 있군. 이 사실에서 내가 끄집어낼 수 있는 결론은…… 잠깐! 잠깐! 계산 좀 해보고…… 그래, 지금이 새벽 3시 15분이라는 사실이지. 철학적으로 말한다면, 무한한 우주 앞에 선 우리는 진정 티끌만도 못한 존재라는 결론을 내릴 수 있겠지. 기상학적으로 말한다면, 내일은 아주 화창한 날이 되겠는걸…… 홈즈, 아무리 자네라 해도 더 이상의 결론은 끄집어낼 수 없겠지?

셜록 홈즈는 말없이 파이프에 불을 붙인 후, 길게 연기를 내뿜었다. 그리고 스스로를 대견해하는 왓슨을 보면서 매우 우울한 목소리로 다음과 같이 내뱉었다.

— 친애하는 왓슨군, 자네는 정말이지 구제불능이군. 우리들 머리 위에 보이는 저 밤 하늘에서 우리가 가장 먼저 도출해내야

• 왓슨의 시력이 정말 뛰어나다는 사실을 주목하자. 육안으로 볼 수 있는 별들의 수는 사실 몇 천 개에 지나지 않는다.

할 결론은 누군가 우리 텐트를 훔쳐갔다는 사실일세……

하늘 아래 새로운 것은 없다

똑같은 일이 수도 없이 반복하여 일어나는 것처럼 사람을 피곤하게 만들고, 맥 빠지게 하는 일도 없을 것이다. 벌써 오래 전에 속임수로 밝혀지고, 이미 명확하게 해명된 바 있는 현상들이 또다시 엄청난 신비 현상으로 각광받는 것을 보고 있노라면, 우리는 그만 할 말을 잃어버린다.

그 대표적 예로 사람들이 아직도 그 무궁 무진한 효능에 관해 떠들어대고 있는 탐색추와 탐색봉을 들 수 있다. 진실은 우리로 하여금 다음과 같이 말하게 한다. 이 세상에는 이른바 '방사선 탐색가'라는 사람들이 숱하게 많지만, 그들 중에 자신의 탐색법을 선한 동기를 위해 사용함으로써 그것의 효율성을 직접 증명해 보이는 사람은 별로 많지 않다고 말이다. 일테면 그들은 왜 내전 중인 국가의 국민들, 특히 어린이들을 불구로 만드는 대인용 지뢰의 제거를 위해 그 자랑스러운 탐색추를 사용하지 않는단 말인가?

탐색추는 돈다
만일 어떤 수맥 탐색가가 독자 여러분에게 탐색추가 열두 번 빙빙 돌았고, 따라서 물은 지하 12미터 깊이에 있으며, 여태까지 자신은 한 번도 실패한 적이 없으므로 자신의 탐색 방식은 틀림없는 것이라고 말한다면 여러분은 어떻게 하겠는가? 우리가 여러분에게 충고하고 싶은 것은, 비싼 비용이 드는 천공(穿孔) 작업을 허둥지둥 시작하기에 앞서 우선 수맥 탐색가에게 다음과 같은 두 가지 사실을 지적해보라는 것이다.

첫 번째, 만일 이 수맥 탐색가 양반이 프랑스인이 아니고 영국인이라도 물은 지하 12피트 깊이에 있을 것인가? 이 경우 제대로 되려면, 이 신기한 탐색추는 움직이는 것으로 만족하지 않고, 영국의 도량형에 맞추기 위해 스스로 값을 변환시켜 12번이 아닌 3천 937번 돌아야 하지 않을까? 영국 추를 쓴다 하더라도 분명 지하수의 양은 변하지 않았을 것이므로, 거기서 발산되어 나오는 수맥 유체(流體)● 의 양 역시 동일할 것이고, 따라서 그 양만큼 회전한다고 가정한다면 말이다. 더 나아가 만일 이 수맥 탐색가가 중국인이라면 어떻게 될 것인가? 그가 앞의 사람들과 같은 위치에 서 있고, 또 동일한 양의 수맥 유체가 작용하고 있다면, 탐색추의 회전수는 앞의 경우와 다를 것인가, 같을 것인가? 만일 똑같이 12번 돌았다면, 지하수는 지하 12리(里), 즉 지하 7천 미터 깊이에 있다는 말인가?

여기서 수맥 탐색가는 추의 회전수, 즉 도량(度量)적 크기가 없는 크기●●와 어떤 도량적 크기(길이)를 갖고 있으며, 항상 모종의 단위로 표현되는 크기(여기서는 깊이) 사이에 기묘한 등식 관계를 만들어내려 애쓰고 있다.

....

● 유체란 별, 인간, 혹은 사물 등으로부터 발산되어 나온다고 믿어지는 미묘하고도 신비스런 힘, 혹은 그 영향력을 말한다. 특히 메스머를 위시한 서양의 신비주의자들은 과학적으로 설명할 수 없는 형태의 에너지 현상들에 대한 설명 원리로 이 유체fluide 개념을 사용하고 있다. ─ 옮긴이

3번 돌면 물이 3미터 깊이에 있고, 12번 돌면 12미터 깊이, 30번 돌면 30미터 깊이에 있다는 식으로 말이다. 단위와 결부된 문제는 차치하고라도, 수맥 탐색가는 또 한 가지 터무니없는 주장을 하고 있다. 물이 더 깊은 곳에 있을수록, 즉 물이 추와 더 멀리 떨어져 있을수록, 추는 더 많이 돈다는 것이다! 놀랍지 않은가? 거리가 멀어질수록 영향력 역시 증가한다니…… 그러니 만약 물이 우주의 저 끝 부근에 있다면, 탐색추는 무한히 돌고 또 돌아야 할 것이다.

하지만 이러한 모순점들이 탐색추를 들고 다니는 당사자들에게는 전혀 거북하게 느껴지지 않는 모양이다. 이들은 이 탐색추를 가지고 매우 다양한 일들을 할 수 있다고 주장한다. 각종 금속의 탐지에서부터 의학적 진단에 이르기까지 이들이 못 할 일이란 없는 듯하다. 유전(油田) 탐색, 실종자 추적, 지하수 발견, 각종 자기장 탐색 등…… 사실 이들에게 있어 방사선 탐색은 학문 그 자체이다. 이들에게 그 어떤 이분법적인 질문을 해도 좋다. 만약 답이 '그렇다' 혹은 '아니다' 둘 중의 하나를 고르는 것이라면, 탐색추는 모든 질문에 답을 줄 수 있는 것이다. 이 논리대로라면 우리를 둘러싸고 있는 세계, 혹은 우주 전체에 대해 과학자들이 제기하고 있는 모든 질문에 대한 답을, 우리는 바로 이 탐색추를 통해 얻을 수 있을 것이다.

** 여기서 '도량적 크기dimension' 라 함은 어떤 주어진 '크기grandeur' 와 그것으로부터 이 크기의 산출과 표현이 가능해지는 기본적 크기 사이의 관계를 지칭한다. 이 기본적 크기의 종류로는 길이, 질량, 시간, 전류의 강도, 온도, 물질의 양, 그리고 광도(光度) 등이 있다. 현행 국제 도량 체계에서 사용되고 있는 기본 단위들로는 미터, 킬로그램, 초, 암페어, 켈빈, 몰, 칸델라 등이 있다. 도량적 크기가 없는 크기는 간단히 말해서 어떤 스칼라, 어떤 수에 상응하는 것이다. 하나의 각도는 이른바 '보충적' 단위이며 도량적 크기가 없는 라디안 호도(弧度)에 의해 나타내어질 수 있다.

그러니 전 세계의 과학자들이여! 이제 탐구하고, 사유하고, 실험하느라 피곤하게 머리를 쥐어짜는 일은 멈출지어다! 그저 간단히 방사선 탐색 활동만 하라. 탐색추에 모든 것을 물어보라. 탐색추는 모든 것을 알고 있다. 맙소사! 그는 전지자(全知者)인 것이다.

그래도 탐색추는 돈다

이쯤에서 미셸 외젠 슈브뢸Michel Eugène Chevreul의 이야기를 들어보기로 하자. 1786년 프랑스 앙제에서 출생한 이 화학자는 1889년 103세의 나이로 사망하기까지 아주 오랜 시간 동안 학문 활동을 계속했다.

1812년, 슈브뢸은 당시 탐색 수단으로 추를 사용하던 어느 유명 동물자기술사(動物磁氣術士)*와 대담을 나눈 적이 있는데, 이때부터 그는 이 현상에 흥미를 갖게 되었다. 그는 당시 큰 인기를 끌고 있던 몇 가지 실험을 탐색추를 이용해 직접 해보기도 했다. 그리고 이 모든 실험 결과가 출판된 것은 1833년에 이르러서였다.

아래의 인용문은 「근육 운동의 한 특별한 부류에 관하여 앙페르**씨에게 드리는 편지」[31]에서 발췌한 것이다. 좀 길지만 읽어보자.

---

* 사람의 몸에는 일종의 유체라 할 수 있는 동물 자기가 흐르고 있는데, 이것을 통제함으로써 질병 등을 치료할 수 있다고 믿으며 동물자기술을 시행하는 사람들이 있었다. 동물자기술은 18세기 말 독일의 의사 안톤 메스머Anton Mesmer에 의해 창안되어 19세기 내내 크게 유행했으며, 훗날 최면술과 정신분석학의 탄생에도 일조했다. — 옮긴이

** 앙드레 마리 앙페르André Marie Ampère(1775-1836)는 프랑스의 유명한 물리학자이자 수학자로, 전류와 자기장 사이의 관계를 나타내는 중요한 원리인 '앙페르의 법칙'을 발견하였다. 전류의 세기를 나타내는 단위인 '암페어'는 그의 이름에서 따온 것이다. — 옮긴이

존경하는 앙페르씨께—

당신은 내가 1812년에 행한 실험들에 대해 설명해달라고 요청했지요. 실 끝에 무거운 물체를 매달아 만든 추를 손에 들고 있을 때, 실을 잡고 있는 팔을 움직이지 않아도 추가 특정 물체 위에 위치하게 되면 진동하는 것이 사실인가를 확인하기 위한 실험들 말이에요. 이 실험들이 상당한 중요성을 지니고 있다고 생각한 당신은 이 실험들의 내용을 출판해야 하는 이유를 말씀해주셨고, 나 역시 거기에 동의했습니다. 하지만 내가 지금까지 대중들에게 말해왔던 것과는 전혀 다른 사실들을 대중들 앞에 내놓을 결심을 하기 위해서는 생각보다 큰 용기가 필요하답니다. 솔직히 말해 당신에 대한 나의 굳은 믿음이 없었다면 나도 결정하기가 좀 어려웠을 것입니다. 여하튼 이제부터 내가 행했던 실험들을 순서대로 차례차례 설명해드리고자 합니다.

내가 사용했던 추는 삼(杉)실 끝에 매달린 쇠로 된 고리였습니다. 그것은 그 추를 통해 나타나는 신비한 현상을 내가 직접 확인해주기를 간절히 원했던 추의 주인이 나에게 준 것이었습니다. 신비한 현상이란 다름 아니라 그 사람이 추를 물이나 금속덩어리 혹은 어떤 생물체 위에 위치시키면 나타나는 어떤 움직임이었습니다. 그런데 솔직히 고백하건대, 내 자신이 오른손으로 추의 실을 잡고 그것을 용기에 담긴 수은, 철제 모루, 혹은 각종 생물체 위에 놓았을 때 동일한 현상이 일어나는 것을 보고 놀라움을 금할 길 없었습니다. 나는 이런 일련의 실험을 통해 다음과 같은 결론을 내리게 되었습니다. 그것은 만일 추를 진동시키는 물체의 수가 한정되어 있다면, 이 물체와 추 사이에 다른 물체들을 넣을 경우 진동이 멈출 거라는 결론이었습니다. 이런 식으로 추측을 하기는 했지만, 막상 내가 수은과 추 사이에 왼손으로 유리판, 송진 같은 것들을 넣자 정말 예상대로 추의 진폭이 작아지더니 결국 완전히 멈추는 것을 보고 크게 놀라지 않을 수 없었습니다. 그

그림 4-1

외젠 슈브뢸(피기에Figuier의 저서 『과학의 신비-옛날』에
수록된 크로이츠베르거Kreutzberger의 목판화)

사이에 넣었던 물체를 치우면 진동이 다시 시작되고, 다시 넣으면 진동이 완전히 사라져버리는 것이었습니다. 이 현상은 놀라울 정도로 일정하게 반복되었습니다. 중간에 물체를 넣는 사람이 본인이든, 혹은 다른 사람이든 관계가 없었습니다.

　이런 현상들이 기이하게 보일수록, 이것이 팔의 근육 운동과 정말로 무관한 것인지 확인해보고 싶은 욕구가 점점 커졌습니다. 그래서 나는 나무 받침대로 추를 들고 있는 오른팔을 어깨에서부터 시작해 손까지, 그리고 다시 손에서 어깨까지 이리저리 옮겨가며 받쳐보았습니다. 그 결과 나는 받침대를 어깨에서 손 쪽으로 옮겨감에 따라 추의 움직임이 감소하고, 받침대를 실을 잡고 있는 손가락 아래에 댔을 때에는 움직임이 아예 멈춰버리고, 받침대를 손에서 어깨 쪽으로 옮기면 반대의 결과가 나타난다는 사실을 발견하게 되었습니다. 하지만 손에서 어깨 쪽으로 옮길 때에는 같은 거리라 하더라도 전보다 그 움직임이 훨씬 느려지는 것이었습니다. 이 사실을 근거로 나는 내가 의식하지 못하는 사이에 내 근육의 움직임이 추의 진동을 유발했을 수도 있다고 생각하게 되었습니다. 그런데 나의 시선이 추의 진동을 따라가고 있을 때, 내가 매우 특별한 상태로 빠져들고 있었다는 기억이 문득 났습니다.

나는 이번에는 받침대를 치우고 실험을 해보았습니다. 그리고 나서 나는 조금 전에 어렴풋이 떠오른 기억이 착각이 아니라는 확신을 갖게 되었습니다. 나의 눈이 진동하는 추를 따라가고 있을 때, 나의 내부에 이 추의 진동을 좋아하는 성향이 일어나는 것을 분명히 느낄 수 있었기 때문입니다. 이 성향은 완전히 무의식적인 것이긴 했으나 추가 큰 호(弧)를 그릴수록 더 크게 느껴졌습니다. 그리하여 나는 만일 눈을 가리고 실험을 반복한다면, 그 결과가 이전 것과는 매우 다를 거라는 가정을 하게 되었습니다. 그리고 이 가정은 현실로 나타났습니다. 수은 위에서 추가 진동하고 있을 때, 다른 사람이 나의 눈을 밴드로 가리자 추의 진동은 즉시 감소되었습니다. 그런데 그렇게 눈을 가린 상태에서 추와 수은 사이에 처음 실험에서 진동을 멈추게 했던 물체들을 넣자, 조금 전과는 달리 진동에 별다른 변화가 없었습니다. 마지막으로 진동이 완전히 멈춘 후, 약 15분 동안 수은 위에 추를 들고 있었는데 추는 전혀 움직이지 않았습니다. 그러는 동안, 내가 모르는 사이에 다른 사람이 유리판, 송진 등을 추와 수은 사이에 여러 차례 넣었다 뺐는데 결과는 마찬가지였습니다. 결국 나는 이 모든 현상들에 대해 다음과 같은 해석을 내리게 되었습니다.

내가 추를 손에 들고 있으면, 나로서는 느낄 수 없는 내 손 근육의 어떤 움직임이 추를 진동시킨다. 그리고 이렇게 시작된 진동은 내 눈이 그것을 바라볼 때 내 안에서 추의 진동을 좋아하는 성향의 영향을 받아 즉시 배가된다……

또한 근육의 움직임이 매우 미약하기 때문에, 단지 추가 멈추게 되지 않을까 하는 생각을 품는 것만으로도 언제든지 멈출 수 있다는 사실을 인정해야 할 것입니다. 그러므로 어떤 진동과 이 진동에 대해 생각하는 것 사이에는 매우 밀접한 관계가 있는 것입니다. 바로 이 점에서 지금까지 내가 묘사한 현상들은 심리학적 관점, 그리고 과학사적 관점에서 볼 때 큰 흥미거리가 되고 있는 것 같습니다. 아울러 이 현상들은 우리가 우리의 기관(器官)들이 관여하고 있는 어떤 현상을 다룰 때, 환상에 불과한 것을 현실로 착각하기 얼마나 쉬운가를 증명해주고 있습니다.

나 역시도 만일 어떤 물체들 위에 추를 올려놓아 추를 진동시키는 실험이나, 추와 추를 움직이게 한 원인물로 보이는 물체 사이에 유리판, 송진 등을 넣어 추의 진동을 멈추게 하는 따위의 실험을 하는 것으로 그쳤다면, 수맥 탐색봉이나 이와 비슷한 다른 것들의 신비를 믿지 않을 하등의 이유가 없었을 것입니다. 하지만 이 모든 실험을 마친 지금, 우리는 도대체 왜 교육을 제대로 받은 사람들조차 결국은 우리가 알고 있는 물리적 세계의 법칙에서 벗어나지 않는 현상들을 설명하기 위해 황당무계한 생각들에 의지하려는 경향을 갖게 되는가를 쉽게 이해할 수 있게 되었습니다.*

내게 그토록 큰 놀라움을 안겨주었던 현상들 속에 실은 그 어떤 신비도 존재하지 않는다는 확신을 갖게 된 이후, 나는 전과는 완전히 다른 심리 상태를 갖게 되었습니다. 그 결과 오랜 시간이 흐른 후에

---

* 여기서 슈브륄은 주(註)를 하나 달고 있는데, 우리는 그가 앙페르씨에게 보낸 편지의 발췌문이 끝나고 난 다음에 이에 대해 언급할 것이다.

여러 번 동일한 실험을 시도해보았지만 한 번도 추는 움직이지 않았습니다. 그리고 나는 추의 진동을 결정하는 것은 바로 우리의 시각이라는 사실을 실험을 통해 목격한 사람이 나뿐이 아니라는 걸 증명해보일 수 있습니다. 내가 P장군을 비롯한 여러 사람들과 함께 당신 집에서 그 실험에 관해 얘기하던 그 날을 기억하실 겁니다. 모두들 그 실험에 대하여 자세히 알고 싶어했는데, 내가 그 실험에 관해 설명하고 나자 P장군은, 시각이 추의 진동에 영향을 미친다는 사실은 자신의 평소 견해와 배치된다며 이의를 제기했고, 나는 그럼 P장군이 직접 실험해보라고 말했었지요. 당신도 기억나실 겁니다. 결국 몸소 실험에 임한 P장군은 몇 분 동안 왼손으로 눈을 가린 후, 다시 눈에서 손을 치우고 오른손으로 잡고 있는 추가 전혀 움직이지 않고 있다는 사실, 조금 전 그가 눈으로 직접 보고 있을 때에는 빠르게 움직이던 추가 꼼짝도 않고 있다는 사실을 확인하고는 경악을 금치 못했더랬습니다.

이 같은 일련의 경험은 나로 하여금 이것들을 우리 일상 생활 속의 다른 모든 현상들에까지 연결시키게 만들었습니다. 이로 인해 나는 이런 현상들을 이전보다 훨씬 더 간단하고 정확하게 분석할 수 있게 되었던 것입니다.

그리고 탐색봉은?

한편, 슈브뢸은 위의 편지 중에 삽입한 주(註)를 통해 탐색추와 탐색봉 사이의 연관성에 대해 다음과 같이 말하고 있다.

들고 있는 탐색봉의 움직임에 주의가 온통 쏠려 있는 사람은 특별히 나쁜 의도를 갖고 있지 않더라도, 자신의 정신을 사로잡고 있는 어떤 현상을 나타나게 하는 데 필요한 심리적 움직임을 무의식적으로 취할 수 있음을 나는 잘 알고 있다. 예를 들어, 어떤 사람이 지하수를 찾고 있다 할 때, 그의 발 밑에 펼쳐지는 푸르고 무성한 잔디밭 풍경은 그로 하여금 자신도 모르는 사이에 탐색봉을 흔들리게 하는 근육의 움직임을 유도할 수 있는 것이다. 그것은 그의 무의식 속에서 물과 무성한 수목 사이에 어떤 연관성이 성립되었기 때문이다.

슈브뢸이 생각하기에 추 현상과 봉 현상 사이에는 명백한 연관성이 있었다. 그리고 근육의 움직임에 가해지는 마음의 영향력에 대한 강조는 추뿐만 아니라, 봉에도 똑같이 유효한 것이었다. 마음의 영향력, 그리고 시각의 필요성을 증명하기 위한 실험은 슈브뢸 이후 무수히 시도되었다. 그럼에도 불구하고 방사선 탐색가들의 주장은 여전히 수그러들지 않고 계속되고 있다.

우리는 초자연 현상을 보여주는 사람에게 그 종류를 막론하고 20만 유로의 상금을 주는 '도전 20만 유로'라는 국제 행사를[32] 개최한 적이 있다. 이 행사에 수많은 수맥 탐색가들이 도전했지만, 결과는 그들의 평소 주장과는 딴판이었다. 그들이 뽐내는 가장 간단한 능력, 즉 물을 찾아내는 것조차 제대로 해내는 사람이 드물었으며, 물이 잘 안 찾아지자 대신 다른 종류의 실험에 도전하겠다고 나서는 형편이었다.

그 중 한 사람은 자신이 오래 전부터 탐색봉으로 물을 찾아왔으며 많은 사람들이 그 결과에 만족해왔다고 주장했다. 또 자신이 지목하여 판 100개 가운데 98개의 우물에서 물이 나왔다고 주장했다.

그러면서 물이 나오지 않은 2개의 우물은 아마도 천공 작업을 한 회사가 일을 제대로 하지 않은 것 같다고 했다. 즉 한 회사는 땅을 "비스듬히 파들어 갔으며", 다른 한 회사는 "너무 깊이 파들어간 구멍이 지하수 층 아래에 위치한 지하 공동부(空洞部)에까지 이르러서 물이 거기로 다 빠져버렸다"는 것이었다.

이 행사는 2001년 7월 12일, 니스대학 캠퍼스의 잔디밭에서 열렸다. 수맥 탐색가는 우선 탐색봉을 이용해, 지하 수맥이 존재하지 않는 꽤 넓은 지역을 지정했다. 지하 수맥이 없으니 탐색 중에 혼란을 일으킬 염려가 없어진 셈이었다.

테스트가 시작되었다. 멀리 있는 수원으로부터(이것은 수맥 탐색자가 실험 도중 혼란을 일으키지 않게 하기 위함이다) 긴 관을 통해 실험 장소에 도착한 물은 급수탱크로 들어갔고, 이 급수탱크에서 다시 10개의 출구를 통해 10개의 지관(支管)들로 흘러나갔다. 각각의 출구 시작 부분에는 개폐 장치가 하나씩 달려 있었다. 또한 각각의 지관들은 다시 하나의 급수탱크에 모여 한 개의 출구를 통해 빠져나가게 되어 있었다.

이 10개의 지관들은 모두 천으로 감추어져 있었고, 그 아래 지나가는 지관들의 정확한 위치를 식별할 수 있게끔 지관을 따라 선이 그어져 있었다. 그리고 각 선마다 1에서 10까지의 번호가 매겨져 있었다. 열 개의 개폐 장치 중 한 개는 임의로 선택되어 열려 있었고, 이 모든 과정은 비디오카메라로 녹화되고 있었다. 이는 나중에 수맥 탐색가로 하여금 물이 분명히 이 열 개의 지관들 중 하나에만 흘렀다는 사실과, 물이 흐른 지관의 번호를 확인시켜주기 위한 조치

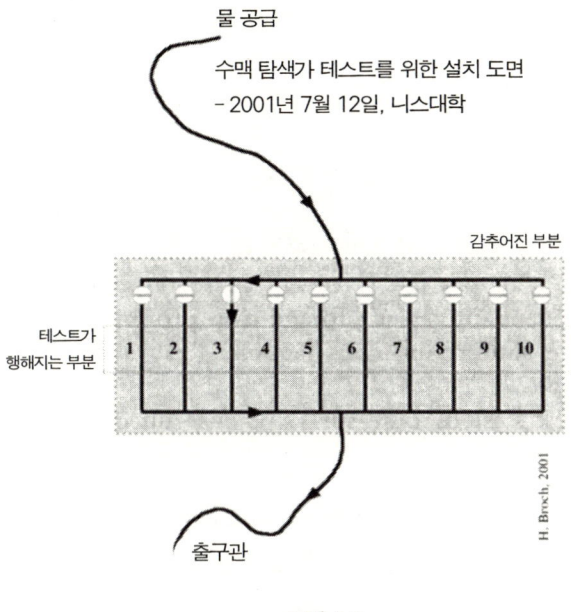

물 공급

수맥 탐색가 테스트를 위한 설치 도면
– 2001년 7월 12일, 니스대학

감추어진 부분

테스트가
행해지는 부분

| 1 | 2 | 3 | 4 | 5 | 6 | 7 | 8 | 9 | 10 |

H. Broch. 2001

출구관

그림 4-2

였다.

그러므로 수맥 탐색가는 자신의 탐색봉을 사용해 물이 흐르고 있는 지관의 번호만* 말하면 되었다. 탐색가 스스로 현재 물이 시설물을 통해 흐르고 있다는(그것도 탐색가 자신이 원하는 수량만큼) 사실을 분명히 확인할 수 있었는데, 그것은 탐색가를 포함한 모든 사람이 하나뿐인 출구를 통해 물이 흘러나오는 모습을 직접 보았기 때문이다. 그가 순전히 우연에 의해 맞출 확률은 계산상 1/10이었

⋯⋯⋯⋯⋯⋯⋯⋯

* 탐색봉은 지관에 거의 닿을 만한 거리에 있었으므로, 각 지관들 사이의 거리는 약 12센티미터 정도밖에 떨어져 있지 않았다. 하지만 이 거리도 수맥 탐색가 자신이 이러한 실험 조건하에서는 충분한 거리라고 말한 1센티미터에 비하면 훨씬 넓은 간격이라 할 수 있다.

다. 수맥 탐색가는 자신감에 넘쳐 있었으며, 심지어 이러한 실험 조건하에서는 거의 100퍼센트에 가까운 성공을 보여줄 수 있노라고 장담했다.

이렇게 하여 20번의 테스트가 이루어졌다. 물론 각 테스트 사이사이에는 충분한 휴식 시간이 주어졌다. 수맥 탐색가는 신중한 동작으로 여러 번 탐색을 했고, 탐색봉은 20번에 걸쳐 물이 흐르고 있다는 지관 쪽을 정확하게 가리켰다. 이 실험 전체는 촬영되었고, 모든 대화 역시 녹음되었으며 각각 일련번호가 매겨졌다. 그렇다면 결과는 과연 어떠했을까?

20번의 실험 중에 적중한 것은 단 2번뿐이었다. 이것은 우연적 확률에 완전히 부합하는 수치이다. 다시 말해, 이른바 탐색봉의 탐지 능력이 완전히 엉터리임을 보여준 것이다. 나름대로는 실험에 매우 적극적으로 임했던 탐색가가 실망하는 모습을 보자 동정심이 느껴질 정도였다. 최소한 그가 성실했다는 사실 자체는 의심할 수 없었다. 하지만 그는 이 참담한 실패를 전혀 받아들이려 하지 않았다.

— 맹세컨대 이거 된다니까요. 난 물을 탐지해낼 수 있어요. 자, 보란 말이에요! 모두들 여기 지금 물이 흘러나오고 있는 출구관이 보이지요? 자, 나 이렇게 눈을 감습니다! 이렇게 눈을 감고서 어떻게 하는지 보시라고……

이렇게 말하며 그는 눈을 감고 앞으로 걸어나갔다. 그러자 그의 손에 쥐어져 있던 탐색봉이 갑자기 빙 돌더니 지면 위 출구관이 놓여 있는 방향을 정확하게 가리키는 것이었다.

— 좋습니다. 그렇다면 다시 한번 해보시겠어요?

우리의 요구에 그는 다시 눈을 감고 앞으로 걸어나갔다. 그러자 이번에도 막대기가 갑작스레 빙글 돌더니 아까 출구관이 놓여 있었던 그 방향을 정확히 가리키는 것이었다. 하지만 불행히도 이번에는 그가 눈을 감고 걷는 사이에 이미 관을 다른 곳으로 치워놓은 후였다…… 이 엄청난 실수를 설명하는 데 그의 주장처럼 무슨 '잔류자기(殘留磁氣)' 이론 같은 것이 필요하지는 않았다. 관의 위치를 기억하고 있는 그의 기억력이 실수의 원인이었다면 모를까……

얼마 후, 수맥 탐색가는 그의 가족의 입회하에 간단한 테스트를 받았다. 이번에는 그저 관 속에 물이 흐르는지 안 흐르는지의 여부만 알아내면 되는 테스트였다. 그가 물이 흐를 때 생기는 관의 미세한 진동이나 관 끝을 통해 물이 흘러나오는 소리 같은 것을 참조하지 않더라도 알아맞출 수 있는 가능성은 1/2이었다. 매우 간단한 실험이었고 게다가 옆에서 부정적인 '파장(波長)'을 내 탐색봉의 능력을 방해할지도 모를 과학자들은 그 실험 장소에서 제외된 상태였다. 대신 가족 한 명이 그가 볼 수 없게끔 멀리 떨어진 곳에 있는 수도꼭지를 열고 잠그는 작업을 반복했다. 이런 식으로 100번의 테스트가 행해졌지만, 이번에도 역시 탐색봉이 물을 탐지해낼 수 있다는 그 어떤 증거도 보여주지 못했다.

여기서 우리는 오랜 경험을 통해 자신의 능력을 진심으로 확신하고 있는, 그리고 다른 사람들 역시 설득시킨 사람, 그러나 그의 능력이란 것이 결코 그 무엇에 의해서도 증명되지 못하고 단지 우연의 법칙에 의해서만 설명될 수 있는 그런 사람의 예를 본 셈이다.

사람들은 탐색추, 탐색봉, 그리고 방사선 탐색가가 사용하는 다른 모든 도구들과 관련된 초자연 현상에 관해, 그런 현상이 실제로 존재하는지의 여부도 완전히 증명하지 않은 채, 갖가지 이론을 동원해 설명하려든다. 제발 일의 앞뒤를 혼동하지 말자! 지금까지 행한 모든 작업과, 과학적으로 통제된 방사선 탐색 실험이 우리에게 보여주는 것은 무엇인가? 그것은 바로 방사선 탐색가의 능력은 순전히 우연적 확률에 의거한다는 사실이다.

혹시 독자 여러분 중에 현재는 방사선 탐색가가 아니지만 (이에 관해 부정적으로 씌어진 앞의 페이지들을 읽었음에 불구하고) 직업을 바꿔 이 분야, 솔직히 말해 과학 연구직보다는 훨씬 돈벌이가 좋은 이 분야로 뛰어들 뜻을 가진 분이 있을지도 모르겠다. 이런 분들에게 조언을 드리자면, 모든 유능한 심령술사, 추를 사용하는 각종 방사선 탐색가, 자신감에 넘치는 초심리학자들이 공통적으로 사용하고 있는 이른바 '발뺌하기' 기법을 연마하라는 것이다. 이 기술의 요점은 '이중 잣대 효과'를 적절하게 이용하는 것이다. 즉 상대에 따라서, 또 상대가 해오는 질문 내용에 따라서 대답을 적당히 바꾸는 것이다. 이런 식으로 행동하는 사람들이 있다는 사실이 놀랍게 여겨질지 모르겠지만, 대부분의 사람들은 이런 술책을 잘 알아차리지 못하거나, 혹은 무심코 받아들인다. 사실 이런 일은 매우 흔히 일어나고 있는 것이다.

실례를 원하는가? 그렇다면 다음과 같은 질문을 가지고 그들에게 간단한 설문조사를 해보라. "만일 과학이 초자연 현상을 긍정적으로 평가한다면, 이는 초자연 현상을 위해 중요한 근거가 될 수 있다고 생각하는가?" 의심할 바 없이 대답은 거의 '그렇다'일 것이다.

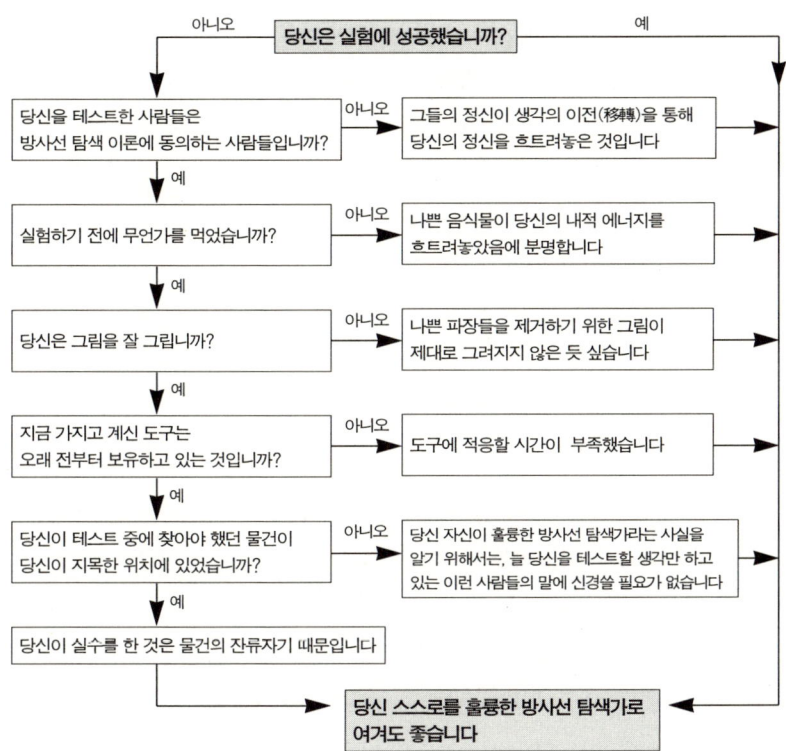

〈발뺌하기〉 가이드

아니오 ← **당신은 실험에 성공했습니까?** → 예

당신을 테스트한 사람들은
방사선 탐색 이론에 동의하는 사람들입니까? — 아니오 → 그들의 정신이 생각의 이전(移轉)을 통해
당신의 정신을 흐트려놓은 것입니다

↓ 예

실험하기 전에 무언가를 먹었습니까? — 아니오 → 나쁜 음식물이 당신의 내적 에너지를
흐트려놓았음이 분명합니다

↓ 예

당신은 그림을 잘 그립니까? — 아니오 → 나쁜 파장들을 제거하기 위한 그림이
제대로 그려지지 않은 듯 싶습니다

↓ 예

지금 가지고 계신 도구는
오래 전부터 보유하고 있는 것입니까? — 아니오 → 도구에 적응할 시간이 부족했습니다

↓ 예

당신이 테스트 중에 찾아야 했던 물건이
당신이 지목한 위치에 있었습니까? — 아니오 → 당신 자신이 훌륭한 방사선 탐색가라는 사실을
알기 위해서는, 늘 당신을 테스트할 생각만 하고
있는 이런 사람들의 말에 신경쓸 필요가 없습니다

↓ 예

당신이 실수를 한 것은 물건의 잔류자기 때문입니다

→ **당신 스스로를 훌륭한 방사선 탐색가로
여겨도 좋습니다** ←

하지만 방금 전에 당신이 질문했던 바로 그 사람들에게 이번에는
이렇게 질문을 던져보라. "만일 과학이 초자연 현상을 의미 없는 것
으로 간주한다면, 당신은 더 이상 초자연 현상을 믿지 않을 것인
가?" 그러면 이번에도 역시 대답은 거의 만장일치로 '아니오'일 것
이다. 즉 어떤 클럽에 가입 신청을 냈는데 클럽이 가입을 승인하면
그 클럽은 좋은 클럽이 되고, 거부하면 나쁜 클럽이 되는 식이다.

이 이중 잣대적 모호성은 의사(擬似)과학 지지자들에게서 자주 발견되며, 이른바 대체의학을 행하는 사람들에게서는 더 자주 볼 수 있다(이 두 분야를 겸하고 있는 사람들 또한 적지 않다). 이 의사과학의 특수 언어를 더 연마하고 싶은 분들을 위해, 우리는 모든 방사선 탐색가들에게 꼭 필요할 다음과 같은 '발뺌하기' 가이드를[33] 제공하면서 이 신기한 추와 봉의 나라에 작별을 고하고자 한다.

수도원 석관의 비밀

프랑스의 작은 마을인 아를-쉬르-테크Arles-sur-Tech는 신비 현상을 옹호하든 안 하든 간에 모든 사람들이 한 번은 다녀가야 마땅한 곳이다. 물리학자, 화학자, 지질학자, 수력(水力)학자, 혹은 봉이나 추를 사용하는 탐색가 등, 이 분야의 전문가들은 더 말할 나위도 없을 것이다…… 사실 이곳의 수도원에는 이 세상에서 가장 기이한 샘, 수맥 탐색가들의 탐색봉보다도 더욱 신비한 샘, 즉 하늘과 땅 사이에서 솟아나는 샘이 있다. 이 샘은 약 20센티미터 높이의 두 개의 커다란 대리석 받침대 위에 괴어져 있는 석관에 있다.

이 글은 이미 20세기 초에 씌어졌으나, 그 기묘한 석관이 이 글로 인해 당장에 큰 명성을 얻지는 못했다. 이 석관이 진정으로 유명해지기 위해서는 반 세기를 더 기다려야 했다. 하지만 이와 관련된 이야기를 하기 전에, 먼저 이 역사적인 유물에 대해 몇 가지 더 알아보자.

그림 4-3

　이 석관은 길이 1.9미터, 폭 0.5미터, 그리고 높이 0.65미터 크기의 대리석 관이다. 볼록한 프리즘 형태로 이루어진 뚜껑의 높이는 최대 약 30센티미터에 달한다. 어떤 사람들의 말에 따르면 그 기원이 4, 5세기까지 거슬러 올라간다고 하는 이 석관 안에는 성(聖) 압돈Abdon과 성 세넨Sennen, 두 성인의 유해가 안치되어 있다. 그런데 이 석관이 유명해진 것은 TF1 방송국에서 아를-쉬르-테크 수도원의 이 '성스러운 무덤'(이 지방 주민들은 오래 전부터 이 석관을 이렇게 불러왔다)을 특집으로 다룬 프로그램을 방영하고 난 후부터이다. 이 성인묘는 수도원의 광장과 연결된 작은 안뜰을 굽어보고 있는 약 12미터 높이의 벽 아래, 노천(露天)에 위치하고 있다. 석관의 뚜껑은 관을 이루는 다른 석판들만큼이나 두꺼우며(약 10센티미터), 약간은 불완전하게 이 석판들 위에 올려져 있다. 그 위에는 몇 개의 갈라진 틈이 있는데 그 속에다 손가락을 집어넣을 수 있을 정도이다. 석관 전체는 두 개의 대리석 덩어리 위에 괴어져 있다.

그런데 이 평범해 보이는 석관이 실은 '기적'을 행한다고 한다. 매일 상당한 양의(약 1리터) 물이 석관 내부에 고인다는 것이다. 이 물은 과학적으로 거의 순수한데, 사람들은 이 물에 병을 치료하는 효과가 있다고 믿고 있다. 이 석관의 한 쪽 부분, 즉 직각으로 세워진 석판과 뚜껑이 만나는 부분에는 작은 구멍이 하나 있는데, 사람들은 이 구멍에 작은 펌프를 넣어서 물을 빼낸다.

때로는 '석관의 물이 흘러 넘치기도' 한다. 그래서 한 해 전체로 볼 때 석관에서 나오는 물은 약 800리터에 달한다. 여기에는 그 어떤 조작도 없었다. 석관에는 그 어떤 파이프도 장치되어 있지 않으며, 밖에서 물을 채운 적도 없다. 이것이 바로 1992년 7월 8일, TF1 방송국의 프로그램 〈미스터리들〉이 방영 첫회 특집으로 다루면서 주장한 석관의 '풀리지 않는 신비'이다. 이 특집 방송을 통해 여러

안내판

석 관

© H. Broch

그림 4-4

가지 관련 문헌과 인터뷰, 그리고 1950년대 말에 행해진 조사 등이 소개되었다. 아울러 이 프로그램은 "지금까지의 연구들은 아직도 석관의 신비를 속 시원히 설명해주지 못하고 있다. 성스러운 무덤은 아직 자신의 신비를 감추고 있는 것이다"라고 결론지은 바 있다.

이 석관이 위치한 안뜰로 들어가는 철책문에 붙여진 안내판에는 이 기념물의 역사적 의미가 간략하게 설명되어 있는데, 여기에도 역시 "성스러운 무덤은 아직도 자신의 신비를 드러내지 않고 있다"고 씌어 있다.

조사와 보도 정지

그렇다면 이것은 과연 그들 말대로 기적일까? 물론 아니다! 앞으로 우리는 몇 페이지에 걸쳐[34] 이 석관의 신비를 다룰 텐데, 그것은 이른바 석관의 신비가 너무도 심오하여 긴 조사가 필요해서가 아니라, 텔레비전 같은 강력한 미디어가 얼마나 심각한 해독을 끼칠수 있는가를 확실히 보여주기 위해서이다. 많은 사람들이 이 석관의 신비가 아직도 해결되지 않았다고 믿고 있으며, 본질에서 벗어난 설명들에 의해 호도되고 있는 실정이다. 하지만 이 문제는 벌써 40년 전에 세세한 사항까지 이미 해명이 된 상태인 것이다.

그렇다. 문제의 방송 출연자들과 여러 문헌들이 단언하고 있는 것과 달리, 지금으로부터 약 30년 전에(TF1에서 문제의 프로그램이 방영된 날을 기준으로 하여) 과학자들은 이미 다각도의 조사를 거쳐 명확한 결론을 내린 바 있다.[35] 따라서 우리가 앞으로 독자 여러분에게 제공하는 정보는 많은 부분 1950년대 말에 행한 조사 결과에서 인용한 것이다.

이 조사는 연구자들로 하여금 안뜰의 열쇠를 마음대로 사용할 수 있게 허락해준 수도원 사제(司祭)의 동의와 협력하에 이루어졌으며, 초등학교 교사 출신의 루제씨 역시 작업에 협조했다. 1961년, 약 2개월 반에 걸쳐(관광객과 신도들의 방문이 잦은 부활절 기간 동안 며칠 중단된 것을 제외하곤) 사전에 수립된 프로그램에 따라 여러 가지 측정과 관측 그리고 실험들이 행해졌다. 실험 이전에 제기된 가설들은 다음과 같다.

- 석관을 받치고 있는 받침석을 통해 모세관 현상에 의해 물이 올라왔을 가능성
- 하루 중 기온이 높은 시간대에, 즉 석관을 이루고 있는 석판의 기온이 주위의 온도보다 낮을 때 공기 중의 습기가 응결되었을 가능성
- 이슬 현상. 즉 밤 사이 열 방사(放射)로 인한 석관의 냉각에 의해 주위의 공기층이 차가워져 물방울들이 생겨났을 가능성
- 앞의 두 가설에 대한 보충적인 가설로서, 석관 밖에서 응결된 물과 빗물 등이 모세관 현상이나 중력에 의해 뚜껑과 석관 사이의 틈으로 스며들어왔을 가능성

그리고 다음과 같은 사항들을 측정했다.
- 온도(석관 근처에 설치된 온도측정기를 사용했으며, 결과가 기록된 종이 띠를 매주 수집하였다.)
- 습도(온도측정기 옆에 설치된 습도계를 사용했다.)
- 석관 내의 수위(석관 내부와 연결된 투명관에 새겨진 눈금을 통해 측정했다.)
- 풍향과 풍속
- 강우량

그리고 현장에서 행해진 실험들은 다음과 같다(다른 것들은 실험실에서 행해졌다).
- 물이 전적으로 석관 내부에 순환하고 있는 공기에서 비롯된

것인지 알아보기 위해, 뚜껑 둘레의 틈새를 밀봉하는 실험

■ 뚜껑 위에 나일론 커버를 씌우는 실험. 단 공기가 통할 수 있게 뚜껑과 커버 사이에 약 5센티미터의 틈을 남긴다.

결정적으로, 비가 오지 않은 2개월 동안 석관 내부의 수위가 변하지 않았다는(가끔 와서 물을 떠가는 사제 때문에 일어난 감소를 제외하면) 사실이 밝혀졌다. 간단해 보이지만 이 사실은 매우 중요하다. 이 사실은 "매일 1-2리터의 물이 발생하는 것도 아니고, 물의 발생이 계속적으로 이루어지는 것도 아니며, 이는 아주 오래 전부터 확인될 수 있었다"는 것을 입증하기 때문이다. 1961년 4월 10일, 5.5밀리미터, 다음 날은 6.9밀리미터의 비가 내렸다. 그러자 그 다음 날 석관의 수위가 약 1밀리미터 올라갔다. 이런 식으로 4월 21일까지 계속된 관측 결과는 그래프에서 곡선 형태로 나타나고 있다.

누적 강우량, 석관 내부의 수위, 석관 내부 수위 곡선의 변환치 등을 나타낸 이 그래프는 석관 속을 채우고 있는 것이 빗물이라는 사실을 너무도 분명히 보여주고 있다. 결국 1950년의 조사에서 도달한 결론은 "물은 평균 5일 정도 걸려 뚜껑을 통과하며, 전체 빗물 중 약 1/3이 석관 속으로 들어간다"는 것이었다.

또 당시 연구자들은 약간 불경스런 행위이긴 했지만 석관에 난 갈라진 틈을 통해 내부를 들여다보았고, 그 결과 뚜껑의 어느 부분인가에 굵은 물방울들이 모여 있다는 사실을 발견하게 되었다. 이 관측에 앞서 비가 내린 것은 20일 전이었으므로, 석관 속에서 물이 아래로 흘러내리는 데 걸리는 시간은 외부의 정상적인 조건에서보

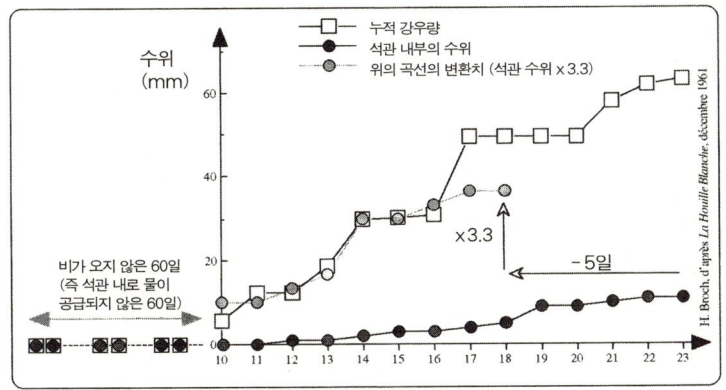

아를-쉬르-테크의 석관 : 날짜에 따른 수위 변화

다는 훨씬 더 길다는 사실을 알 수 있었다. 석관의 뚜껑 위 표면에 물을 한 방울씩 떨어뜨리자, 이내 습기찬 원을 형성하며 사라져버렸다. 뚜껑 표면이 약간 경사져 있었음에도 불구하고, 습기찬 원의 중심은 정확히 물방울이 떨어지는 부위에 유지되고 있었다. 뚜껑의 표면은 불규칙하고, 직경 1-2밀리미터의 작은 구멍들이 나 있었는데, 이곳에 물이 채워지고 난 후 약 45초가 지나면 없어졌다.

한편, 이 조사 결과는 우리에게 이 석관과 관련해 지금까지 사용된 몇몇 표현들이 잘못된 것임을 알려준다. 예를 들어 "때로는 석관의 물이 흘러 넘치기도 한다"라는 표현은 석관에서 뿜어져 나오는 어떤 물줄기 같은 것을 연상케 하지만 현실은 전혀 달랐다. 진실은 1942년 4월 3일, 열 사람이 서명한 보고서에 잘 나타나 있다. "석관이 차 올라 물이 흘러나왔다. 매 10분마다 관의 전면에서 큰 물방울이 하나씩 뚝뚝 떨어져 내렸다." 단지 한쪽 면에서만 물이 넘쳐나는 현상은, 무덤이 약간 기울어져 있기 때문이다. 수도원 석관에 관한 기술적 보고서의 최종 결론은 다음과 같다.

석관의 뚜껑은 물이 스며들 수 있는 구조이기 때문에, 빗물이 평
균 4-6일 걸려 뚜껑을 통과한 후, 석관 내부로 방울방울 흘러든다. 내
부와 외부 사이에 충분한 공기 순환이 되지 않으므로 물은 거의 증발
되지 않고 내부에 고일 수 있다. 게다가 빗물은 뚜껑 표면을 닦아내고
심지어는 가볍게 쓸어내기까지 한다. 그 결과 뚜껑은 항상 깨끗하게,
즉 물을 흡수할 수 있는 상태로 유지되어, 이 현상은 계속될 수 있다.

〔……〕 그런데 석관의 내벽 역시 뚜껑과 동일한 대리석으로 되
어 있는데, 어떻게 물이 없어지지 않고 그 안에 괴어 있을 수 있을까?
우선 뚜껑과 내벽을 형성하고 있는 돌은 동일한 양상을 보이지 않는
다는 점을 이유로 들 수 있다. 즉 뚜껑은 매우 침윤성이 강한 돌로 만
들어졌을 가능성이 크다. 다른 한편으로는 석관 내에 고여 있는 물에
포함된 미세한 입자, 혹은 석관에 난 틈들을 통해 들어온 먼지 입자들
이 석관 바닥에 쌓였을 수도 있다.

〔……〕 혹은 뚜껑 위를 흐르는 물에 휩쓸려(이것이 바로 '매달려
있는 물방울' 현상의 원인이다) 약간의 먼지 입자들이 뚜껑과 본체
사이의 틈으로 들어왔을 수도 있다. 이렇게 쌓인 미세 입자들은 수세
기에 걸쳐 생긴 돌의 미세한 구멍들 속에 파고들어 석관의 방수력(防
水力)을 높였을 것이다.

또한 보고서는 뚜껑이 침윤성을 가지고 있으므로, 이슬 현상에
대한 가설은 완전히 타당하다는 사실을 지적하고 있다. 뚜껑 위에
떨어지는 물은 돌 속으로 스며들 수 있기 때문이다.

이 보고서의 서두에서 말하고 있듯이 "우리는 추측하고, 측정하

고, 내부의 물을 뽑아내는 등의 작업 끝에 석관에 고인 물의 정체를 정확하게 알아낼 수 있었다."

TF1 방송이 방영한 〈미스터리들〉 때문에 일반 대중에게 알려진 아를-쉬르-테크의 놀라운 신비는 사실 더할 수 없이 자연스러운 현상인 것이다. 그리고 이것은 방송 제작자들과 사회자가 자행한 정말 서글프도록 한심스러운 정보 왜곡의 한 예에 지나지 않는다.

이들의 혹세무민한 태도를 잘 보여주는 일화가 하나 있다. 이 문제의 프로그램이 방영되기 몇 달 전, 그러니까 〈미스터리들〉 시리즈가 방영을 앞두고 제작 준비 중이던 당시, 방송사의 기자가 우리 동료 중 한 명을 찾아온 일이 있다. 우리 동료가 그 프로그램에 '자문위원'으로 참여할 의사가 있는지 묻기 위해서였다. 그런데 그와 기자가 대화하면서 오고간 화제들 중에는 이 아를-쉬르-테크의 석관 문제 역시 포함되어 있었다. 그때 우리의 동료는 그 기자에게 이 신비 현상의 진실을 상세히, 그리고 분명하게 설명해주었다. 즉 이 현상은 이미 오래 전부터 더 이상 신비가 아니라는 사실을 말이다!

그러나 이 만남이 있고 나서, 방송사 측에서는 아무 소식이 없었다. 그리고 얼마 후 〈미스터리들〉의 첫 회가 방영되었고, 그들은 버젓이 아를-쉬르-테크의 석관을 아직까지 해결되지 않은 수수께끼라고 소개했다.

그치지 않는 왜곡

이 〈미스터리들〉이라는 프로그램은 길을 못 찾아 우왕좌왕하고 있는, 무언가 베낄 만한 것을 찾아 헤매고 있는 초심리학자들에게 좋은 소재를 제공해준 꼴이 되었다. 다음은 그들이 무수히 쏟아낸 어처구니없는 말들 가운데, 비교적 최근의 것들 몇 가지이다.

이브 리뇽Yves Lignon은 1998년 7월 27일자 《미디 리브르Midi Libre》에 다음과 같이 쓰고 있다. "1959년에서 1961년 사이에 여러 소논문들이 주장한 내용들은 쉽게 부정될 수 있는 것들이다. 필자들의 말에 따르면, 석관에 물이 차는 이유는 그 속에 빗물이 스며들기 때문이라는 것이다. 아마 그럴지도 모른다. 하지만 이들이 수위를 측정할 때 초등학생들이나 사용할 그런 자를 사용했다는 사실을 보면, 이들에게 어떤 특별한 적대감이 있는 것은 아니지만, 어떻게 이들이 주장하는 내용을 진지하게 받아들일 수 있는지 자문하지 않을 수 없다. 〔……〕 이들이 제공한 수치들이 적힌 도표를 가지고 몇 가지 계산을 해보면, 통계학적으로 강우량과 석관 내의 수위 사이에 어떤 관계가 있다고 말할 근거가 전혀 없다는 사실을 발견하게 된다. 〔……〕"

이 신문의 기자인 빌라스크J. Vilaceque 또한 이 석관과 관련해 놀라운 소식을 전하고 있다. "석관은 수도원 좌측 안뜰, 차양 밑에 위치하고 있으며, 약 20센티미터 높이의 두 개의 돌 받침대 위에 괴어져 있다. 그렇기 때문에 빗물 한 방울도 그 위에 떨어지지 못한다. 따라서 석관에 독자적으로" 물이 채워진다는 것이다.

이브 리뇽 역시 다른 글에서[36] 이 사실을 반복하여 말하고 있다. 즉 신비 현상의 원인은 빗물이 아니라는 것이다. 그는 "이 석관은 빗물과 격리된 곳에 있고 영국에서 실시한 물 성분 분석"이 그 사실을 증명했다고 주장한다.

그들은 어떻게 신비를 꾸며내는가?

이《미디 리브르》의 기자와 이브 리뇽이라는 작자는 석관이 차양에 의해 가려져 있다고 말하는데, 이들은 도대체 어디서 무얼 보고 와서 이 따위 소리를 하는 건지 모르겠다. 물론 이것은 전적으로 틀린 말이다. 석관은 완전히 노천에 있으며, 그곳은 북향이어서 태양을 보지 못한다. 그리고 그 위에는 물론 아무것도 없다. 차양은 존재하지 않는다. 오히려 석관이 등지고 있는 벽면 위에 얹힌 기와들이 약간 앞으로 돌출되어 있어서(사진을 참고할 것), 빗물이 석관 쪽으로 모여서 떨어진다(여기서 우리가 '석관 위로'가 아니라 '석관 쪽으로'라는 표현을 사용하고 있다는 점을 주목하라).

그렇다면 이 두 사람은 아를-쉬르-테크에 한 번도 가보지 않은 채 그들이 본 TF1 방송을 토대로 신나게 상상의 나래를 폈든가, 아니면 의식적으로 뻔뻔스럽게 거짓말을 한 셈이 된다. 그 어떤 경우가 되었든 정말 어처구니없는 일이다. 하지만 이런 사람들의 신뢰성 문제보다 더 중요한 것이 있다. 그것은 이들의 글이 독자에게 끼칠 영향력이다. 독자들은 아무런 선입견 없이 자신이 객관적인 정보를 얻었다고 생각하고는, 석관이 빗물로부터 보호되며, 따라서 석관은 여전히 신비에 싸여 있다고 믿을 것이기 때문이다.

초등학생이나 사용할 '자'라니!

리뇽씨는 한 가지 — 매우 초보적인! — 사실을 잘 모르고 있는 것 같다. 그것은 초등학생의 자를 가지고도 얼마든지 훌륭한 실험을 할 수 있다는 사실이다. 아마도 이 사람은 '애들'이나 쓰는 자의 눈금은 '어림짐작'으로 대충 그어진 거라 생각하고 있는지도 모르겠다. 그러나 1밀리미터는 어디서나 1밀리미터이며, 따라서 초등학생용 자라 하더라도 이런 종류의 측정을 하는 데 있어서 충분한 도구가 될 수 있다.

몇몇 초심리학자들이 간과하고 있는 게 있는데, 그것은 하찮은 스카치테이프나 노끈 조각들을 가지고도 완벽하게 훌륭한 실험을 해낼 수 있다는 사실이다(사람들은 이런 실험을 '손에 덕지덕지 풀을 발라가며 하는' 실험이라고 비하한다!). 또한 이런 실험에서 나온 결과들 역시 어떤 현상을 이해하거나, 어떤 가설을 증명하는 데 있어서 얼마든지 신빙성 있는 증거가 될 수 있다. 문제는 실험 도구의 정교함에 있다기보다는 사용된 실험법 자체에 있다. 즉 이 경우에는 사용된 측정 도구의 질(質)보다는 측정을 하는 방식이 훨씬 더 중요하다. 측정 시스템이 아무리 초보적인 것이라 할지라도, 그것이 효율적이기만 하면 아무 문제 없는 것이다. 그리고 이 경우에는 아주 효율적이었다!

엉터리 '통계학자'의 기막힌 계산법

또한 리눙씨는 "이들이 제공한 수치들이 적힌 도표를 가지고 몇 가지 계산을 해보면, 통계학적으로 강우량과 석관 내의 수위 사이에 어떤 관계가 있다고 말할 근거가 전혀 없다는 사실을 발견하게 된다"라고 단언하고 있다.

도대체 무슨 말을 하고 있는 건지! 리눙씨의 말과는 반대로 여기서 강우량과 석관 내 수위 사이의 관계는 확실하다. 물론 여기에는 정확한 계산이라는 조건이 따라야 한다. 즉 처음 수위 변화가 있기 전 2개월 동안 나타났던 수치 0을(171페이지의 그래프 참고) 제대로 고려해야 할 것이다. 이 수치는 우리가 강우량과 석관 내의 수위 사이에 상관관계가 있다는 가정을 증명하기 위한 계산에서 반드시 고려해야 하는 수치이다. 비가 내리지 않은 2개월 동안(이따금씩 사제가 빼가는 물의 양을 제외하고는) 석관 내에 수위 변화가 없었다가, 비가 오자마자 수위가 오르기 시작했다. 더 이상 복잡하게 생각할 필요가 있는가? 이 명백한 상관관계 앞에서?

차라리 아메리카를 다시 발견했다고 우겨라!

"응결 현상 : 철저히 파고들어볼 만한 새로운 연구 방향" 1998년에 어떤 물리학 교수가 이 문제에 대한 또 하나의 해결책으로 제시한 응결 현상에 대해 쓴 한 지방 신문의 기사를 읽고, 어떤 초심리학자는 새삼 무슨 위대한 발견이라도 한 듯 이런 식으로 표현했다.[•] 이 사람 역시 도대체 무슨 소리를 하고 있는 건지……

사실 1961년의 논문 속에 이미 공기 중에 포함된 수분의 응결 현상에 대한 언급이 있으며, 이것은 석관에 관심을 가진 사람이라면 누구나 짐작해볼 수 있는 현상이다. 이 논문은 온도 측정치에 대해

[•] 1999년 9월 20일, 남부 프랑스 3 France 3 Sud 방송국이 방영한 〈남풍Vent Sud〉이라는 프로그램에서는 다음과 같은 대화가 오가고 있었다.
피에르 마르시아스 : 물의 응결이라는 관점에서 접근하는 것도 가능할 수 있겠지요…… 즉 차가운 벽면에 의해…… 상당한 양의 물이 생겨날 수 있는 거지요.
X : 그건 현 시점에서 가장 합리적인 설명인가요?
피에르 마르시아스 : 가능한 가정 중의 하나지요.
이브 리뇽 : 가정 중의 하나라…… 그보다는 철저히 파고들어볼 만한 새로운 연구 방향입니다.

언급하면서 다음과 같이 상세하게 지적하고 있기도 하다. "응결 현상에 의해 모아진 물의 양에 대해 간단한 계산을 해본 사람이라면 누구나 이 수치들에 관심을 갖지 않을 수 없다." 하지만 이 초심리학자들은 이런 간단한 계산마저도 할 능력이 없는 모양이다. 더욱이 이들은 차가운 석벽 현상이 만들어낼 수 있는 물의 양은 석관에 고이는 양에 비해 훨씬 적다는 사실을 모르고 있다.

이 응결 현상에 대한 새로운 '발견'이 갖는 가치를 평가하기 위해 석관의 비밀에 대한 다음의 글을 읽어보자. "다른 사람들은 석관의 돌이 대기 중의 습기를 빨아들일 수 있기 때문에, 석관 바닥에 모인 물은 응결 현상에 의해 고이게 된 습기에 지나지 않는다고 생각했다. 하지만 이런 종류의 현상만으로는 결코 매년 수백 리터에 달하는 물이 고일 수 없다는 사실을 인정해야 할 것이다." 샘물처럼 명징한 이 텍스트는 리뇽씨를 열광시킨 그 대단한 신(新) 가설이 나오기 이미 60년 전에 — 그렇다. 분명히 60년 전이다 — 나온 글[37]이다.

사실을 명확히 하기 위해, 그리고 응결 현상이라는 것이 결코 새로운 가설이 아니라는 걸 보여주기 위해, 이 응결 현상은 아를-쉬르-테크 석관의 신비를 일종의 자연 현상이라고 보는 모든 사람들이 다 인정하고 있는 것이라는 사실을 다시 한 번 말하고 싶다. 만일 이들간에 의견 차이가 있다면, 그것은 전체 물의 양 중에서 응결 현상으로 인한 양이 어느 정도를 차지하느냐 정도뿐이다.

어떤 사람들은 응결 현상이 물을 많이 만들어낸다고 생각하고, 빗물에는 별 비중을 두지 않는다. 하지만 이는 1961년에 관측된 자료와는 부합되지 않는다. 또 어떤 사람들은 1961년에 발표된 자료에 근거하여 빗물의 역할에 더 큰 비중을 두고, 다른 요인들은 극히 사소하게 보기도 한다.

이 주제와 관련해 많은 글들이 발표되었는데, 그 한 예로 『알프-마리팀므군(郡) 선사고고학 학술원 논문집』(1975-1976년)[38]에 수록되었으며, '공중 우물' 의 주제를 다루고 있는 한 논문의 내용을 발췌해보기로 하자. 이 논문에는 아를-쉬르-테크의 석관에 대한 언급도 포함되어 있다.

석관에 물이 고이는 원인은 석관 내부와 외부의 온도차로 인한 공기 중 습기의 응결이며, 때때로 미세한 구멍이 나 있는 뚜껑을 통한 빗물의 이입, 혹은 본체와 뚜껑 사이에 나 있는 틈새를 통한 작은 물방울들의 스며듦도 원인이 된다.

이 주제와 관련해 다음과 같은 몇 가지 이론들이 제기되고 있다.

— 〔1933년〕 바지오 : "이 석관은 특이하게도 공기 중의 습기를 포착하는 능력이 유독 강하다."

— 〔1934년〕 드 바리니 : "수도원 관계자들의 의견에 따를 것 같으면, 이것은 언젠가 물리학에 의해 그 전모가 설명될 자연 현상, 즉 자연적인 응결 현상에 속한다." 드 바리니는 "사람들이 기적이라고 간주하는 현상은 물리학으로 설명이 가능하다"고 적고 있다.

— 〔1957년〕 르네 콜라 : "이것은 아마도 예외적인 상황들이 겹쳐지면서 일어나는 현상일 것이다. 햇빛이 닿지 않는 안뜰 깊은 곳, 게다가 북쪽을 향해 있는 위치, 마치 둘러싼 병풍처럼 열을 차단해주는 거대한 구조물들을 포함한 주위의 건축물, 그리고 특히 남쪽 벽

위로 쏟아져 들어오는 온난다습한 공기가 잘 소통되고 있다는 점
등을 들 수 있을 것이다(공기 속의 습기가 땅과 접촉하면서 냉각되
어 석관 속에서 응결했기 때문에 일어나는 현상)."

— [1959년] 들로네-들라피에르와 들라피에르-드비누 : "이것은 응
결 현상의 결과이다."

— [1957년] 뒤파스키에 : "이곳 석관의 습기 응결 효율도는 테오도
시아나 몽펠리에의 그것에 비해 훨씬 뛰어나다."

— [1960년] 니콜라 체샤포프 : "공기의 응결로 인해 물이 생긴다는
사실을 받아들이나, 그래도 약간은 회의적이다."

테오도시아에서 트랑스-앙-프로방스까지

'성스러운 무덤' 내부의 물 발생을 응결 현상만으로 설명할 수 있
다고 믿는 사람들이 있으므로, 이제는 매미와 올리브 나무의 고장°에
서부터 출발해 크리미아 반도에 이르는 짧은 여행을 해보도록 하자.

트랑스-앙-프로방스 마을에서 가장 유명한 관광지를 꼽으라면
사람들은 예외 없이 공중 우물을 들 것이다. 이것은 공기 중에 있는
수분을 응결시켜 물을 얻을 수 있다는 사실을 증명하기 위해 실물
크기로 만들어진 실험용 모형이라고 할 수 있다. 석관 문제에 대한
참고 자료로 삼기 위해 이 우물과 관련된 몇 가지 사실들을 알아보
는 것도 나쁘지 않을 것이다.

이 공중 우물이 처음 계획된 것은 1928년이었고 실제 공사가 끝
난 것은 1931년이었다. 이것을 만든 사람은 프랑스민간기술인협회

....
° 프랑스 남부 지중해 연안의 프로방스 지방을 뜻한다. ─ 옮긴이

에서 수상한 경력이 있는 벨기에 출신 엔지니어 아실 크나펜이었다. 이 구조물은 아랫부분 직경 12미터, 높이 13미터의 위용을 자랑하고 있다. 두께가 2.5미터나 되는 벽에는 공기의 순환을 위해 수많은 구멍이 나 있고, 내부에는 응결 작용을 일으킬 수 있는 표면 면적을 늘리기 위해 3천개 가까운 작은 점판들이 설치되어 있다.

하지만 불행히도 이 구조물은 이것으로 미국에서 특허까지 획득한[39] 설계자의 꿈을 실현시켜주지 못했다. 아실 크나펜은 이 우물이 하루 평균 약 30-40리터의 물을 만들어내리라 기대했지만, 가장 조건이 좋은 밤에도 불과 몇 리터의 물을 만들어내는 게 고작이었다.

그런데 대기 중 수분의 응결 및 채취를 위한 실물 규모의 실험이 이것 하나만은 아니었다.* 역사적으로 몇몇 다른 예들을 찾아볼 수 있는 것이다. 1929년, 몽펠리에의 농업생물기후학관측소 소장으로 있던 레옹 샵탈이라는 사람 역시 나름의 수분 채집기를 고안한 적이 있다. 이것은 물을 채집할 수 있는 콘크리트로 된 플랫폼 위에 쌓아올린 약 13입방미터 크기의 석회암 피라미드였다. 그러나 애석하게도 이 수분 채집기의 하루 평균 채집량은 겨우 0.2리터에서 0.5리터 사이에 불과했다.

그런데 이러한 시스템들이 가능하다는 증거로 자주 제시되는 역사적 사실이 하나 있다. "기원전 4세기 경 크리미아 반도에 위치한 도시 테오도시아의 물 공급은 거대한 돌무더기들로(아마도 13개?) 구성된 수분 채집기에 의해 이루어졌다." 실제로 19세기 말엽 테오

---

* 건조한 지방에서 이루어진 이 공중 우물의 시도를, 매우 습한 지역에서 그물, 방수포(防水布), 나무 같은 것들을 이용하여 안개의 작은 물방울들을 채취하는 활동과 혼동해서는 안 된다.

그림 4-5

도시아의 수도(水導) 공사를 맡고 있던 기술자 지볼트는 도시로 물을 공급하는 수로 부근에서 돌로 쌓아올린 거대한 원뿔형 구조물들을 발견했다. 이 때 지볼트는 이 피라미드들이 각각 고대의 도시에 (그의 계산에 의하면) 매일 5만 5천 400리터의 식수를 공급했던 수분 채취기라고 확신했다.

하지만 지볼트 자신도 이 가설을 증명할 수 없었다. 1905년, 그는 자신이 추측한 가상의 고대 수분 채취기를 실물 크기로 다시 만들어보았는데(2천 톤의 자갈을 쌓아 만든 이것은 윗부분이 반듯하게 잘린 원뿔형이며, 아랫부분의 직경이 20미터, 윗부분의 직경이 8미터, 그리고 높이가 6미터에 달했다), 이것은 그가 희망했던 결과를 가져다주지 못했다. 처음에는 가설에 불과했던 것이 하나의 신앙으로 굳어졌던 것이다.

이 사실에서 우리가 알 수 있는 것은 무엇인가? 지금으로부터 수십 년 전, 피에르 데크루아[40]는 열세 개의 '피라미드-응결기'에 의한 테오도시아의 물 공급과 관련해 지볼트가 주장한 수치들은 터무니없는 것이며, 그 정도 양의 물을 응결시키기 위해서는 각 돌 피라미드의 온도가 99℃까지 올라가야 하는데, 이 온도에서는 시스템이 유지될 수 없다는 사실을 증명한 바 있다.

1993년과 1994년 두 차례에 걸쳐 테오도시아 공중 우물의 신비를 조사하기 위해 파견된 조사단은 마침내 그 베일을 벗길 수 있었다. 조사단 단장 다니엘 베상스[41]의 보고에 따르면, 발굴 작업 결과 도시의 식수 공급을 위한 수로 체계는 피라미드들과 가까운 곳에 형성되어 있지만, 양자 사이에는 '아무런 관계도 없으며', 테오도시아를 둘러싸고 있는 이 유명한 피라미드-응결기들은 사실 쿠르간 kourgane, 즉 스키타이나 그리스 시대의 무덤들이라는 것이다!

이처럼 수분 채집기들이 공기 중의 습기를 채취할 수 있는 것은 분명 사실이지만, 이들의 목적을 이루기 위해 필요한 물 생산량은 테오도시아, 트랑스-앙-프로방스, 혹은 몽펠리에 등지에서 시도된 것과 같은 유형의 응결기들이 실제로 만들어낸 양과는 많은 차이가 있다. 그리고 응결 이론을 좋아하는 일군의 초심리학자들의 주장과 달리, 아를-쉬르-테크의 석관 역시 효율적인 공중 우물에 속하지는 않는다.

결국 물은 하늘에서 왔다

1961년에 발표된 연구 결과는 최근에 나온 한 연구[42]에 의해 뒤늦게 입증되었는데, 이 연구의 의의는 석관 내부에서 응결 작용에 의해 산출된 물의 양을 확실하게 밝힌 데 있다. 이 연구가 보여준 결과는 분명한 것이었다. 그들은 4개의 열전대(熱電帶)를 설치하여 외부 공기의 온도, 석관 내부 물의 온도, 석관 겉면을 이루고 있는 돌의 온도, 그리고 석관 내부 돌의 온도 등을 약 7개월에 걸쳐 측정했으며, 후에는 석관 내부 공기의 온도도 측정했다. 또한 석관에서 약 200미터와 250미터 가량 떨어진 두 관측소를 통해 물의 양, 주변 공기의 온도, 습도, 그리고 기압을 측정했다.

이러한 조건하에서는 분명한 결론이 나올 수밖에 없다. 이 결론은 자세한 수치와 함께 성인묘에 물이 고이는 현상에 관여하고 있는 두 가지 사실을 분명히 밝히고 있다. 그것은 다름 아닌 빗물의 이입과 이슬의 응결이며, 여기에 약한 증발 현상이 더해진다. 여기서는 《대기 연구Atmospheric Research》에 수록된 연구자들의 자세한 의견을 그대로 인용하는 편이 낫겠다.

최소한 16세기 경부터 아를-쉬르-테크 수도원 안뜰에 위치한 어떤 밀폐된 석관이 매년 수백 리터의 물을 만든다는 주장이 제기되어 왔고, 이 신비를 설명하기 위해 여러 가지 가설들이 제시되었다. 3년 간에 걸친 자료 수집을 통해, 우리는 연간 200리터 가량 산출되는 물의 원인은 빗물, 이슬의 응결, 그리고 증발이라는 세 가지 현상이 결합된 것이라는 결론을 얻어냈다. 뚜껑 부분에 있는 몇 개의 구멍으로 내부와 외부 대기가 소통되고 있다. 응결량은 증발량보다 6배나 더 많으며, 이것이 연간 전체 물 산출량에서 차지하는 몫은 10퍼센트에 달한다.[43]

이 논문의 결론 부분 역시 마찬가지 내용을 담고 있다.

[……] 석관 속에 물이 생겨나는 현상은 석관 내부로 스며드는 빗물, 이슬의 응결, 그리고 증발, 이 세 가지 현상으로 설명할 수 있다. 연간 약 200리터의 물이 생겼으며, 그 가운데 이슬 응결에 의한 몫이 10퍼센트, 연간 약 20리터에 달한다.

수집된 자료들의 분석 방법에 관해 연구자들은 다음과 같이 밝히고 있다. "우리는 강우량과 석관 속 물의 양 사이의 상관관계를 밝히려 했다." 그리고 그들은 관측된 수치들에서 다음과 같은 결론을 끌어낸다. "이 두 양(量) 사이에는 명백히 밀접한 관계가 있다."

베상스와 그의 동료들은, 1961년의 연구자들과 마찬가지로 석관 속 물의 양과 강우량 사이의 상관관계, 더 나아가 응결이라는 요인이 기여하는 몫을 분명히 밝혀냈다.

이 새로운 연구에 관한 언급을 마치기 전에 한 가지 지적해야 할 점이 있는데, 그것은 베상스와 그의 동료들이 1961년의 작업에 대해 좀 묘한 평가를 내리고 있다는 사실이다. 그들은 선배 학자들이 내린 결론에는(뚜껑에 미세한 구멍들이 나 있어 그곳을 통해 5일간 물이 스며들었다는 사실) 충분한 근거가 없다고 쓰면서, 이러한 주장에 대하여 그 어떤 구체적 증거도 제시하지 않고 있다. 오히려 우리는 베상스 등이 두 가지 점에 있어서 틀렸다고 생각한다.

첫째는 그들이 측정을 시작했을 때 석관이 비어 있었다고 말한 점이다. 1961년의 측정시 강우의 시작과 석관 내 수위 변화 사이에 시차(時差)가 나타났던 이유는, 석관이 약간 기울어져서 석관 아랫쪽에 먼저 물이 고이기 시작하는 탓에, 물이 전혀 없는 공간이 형성되었기 때문이라는 것이다. 석관의 물은 얕은 부분부터 우선적으로 차기 시작하여, 수면이 측정 기구에 닿으려면 시간이 어느 정도 걸리기 때문에 시차가 생겨난다는 논리이다. 그런데 이런 논리로 시차를 설명하기 위해서는, 필연적으로 측정이 시작될 때 석관이 비어 있었다는 가정이 필요하다. 그런데 이 가정은 현실과는 동떨어진 것이다! 석관은 결코 비어 있지 않았다. 실험이 시작되었을 때부터 연구자들은 수위를 정확히 알고 측정할 수 있었다. 이 사실은 1961년 논문을 읽어보면 분명히 확인할 수 있다. 사실 관측이 시작될 때 연구자들은 조그만 삼각자 하나를 가지고 처음 석관 속에 들어 있는 물의 양이 약 120리터라는 사실을 확인할 수 있었던 것이다! 이 정도의 물이 담겨 있었는데도 석관이 비어 있었다고 상정하는 것은 좀 지나치지 않은가?

두 번째는 뚜껑에 난 미세한 구멍의 문제이다. 대리석에는 구멍이 날 수 없다는 베상스와 그의 동료들의 의견은 그 어떤 논리에 의해서도, 또 그 어떤 실험에 의해서도 증명되지 못한다. 또한 이것은 대리석 뚜껑에 구멍이 나 있다는 사실을 분명히 보여준 1961년의 실험들과 명백히 모순된다.

베상스의 이 같은 오류가 우리에게 시사하는 바는 무엇인가? 그것은 사실과 의견을 혼동해서는 안 된다는 것이다. 특히 의견이 "이와 같은 사실로부터 석관은 비어 있었다는 결론을 끌어내는 것은 자연스러운 것으로 보인다"라든지, "대리석의 중심 부분에는 구멍이 나 있지 않다고 생각한다" 같은 애매한 논리에 의거하고 있을 경우에는 더욱 그렇다.

결 론

1961년과 2001년의 실험 덕분에 이제 일반인들도 그 유명한 석관과 관련하여, 누구나 이용 가능한 정보를 갖게 되었다. 석관 바닥에 물이 차서 보존되는 현상에 관한 보충 설명으로, 우리는 매우 중요한, 그러나 많은 경우 언급되지 않고 있는 사항을 독자들에게 알려주고자 한다. 그것은 바로 사람의 개입이다. 일테면 "1848년, 물이 무덤의 아랫부분에 난 조그만 틈으로 조금씩 유실되고 있었기 때문에, 사람들은 틈을 막기 위하여 석관을 위로 약 0.75미터 들어올려야 했다."

우리는 가까운 장래에 아를-쉬르-테크의 성인묘가 위치한 안뜰로 통하는 입구 철책 위에 다음과 같은 안내판이 걸리고, 모든 미디어들이 그것을 세상에 알려주기를 간절히 희망한다.

성스러운 무덤은 자신의 비밀을 드러냈으니, 그것은 바로 빗물과 응결 현상이었노라.

방사능, 성수반에 갇힌 악마*

우리는 석관 속 물의 응결 같은 일종의 '자연적인' 현상은 좋은 것이지만 '인위적인' 현상은 나쁜 것이라는 식의 논리를 주위에서 흔히 듣는다. 이것은 화학적인 것이야, 이것은 인공적인 것이야, 이것은…… 등등. '자연적인' 방사능, 이것은 괜찮다. 하지만 '인공적인' 방사능, 이것은 온갖 폐해들을 안고 있다! 이렇듯 오늘날 방사능 물질들은 기이한 악마화(惡魔化)의 대상이 되고 있다.

20세기에 들어 방사능은 다양한 영역에 빠른 속도로 파고들었다. 생물학 연구에서부터 옛날 수의(壽衣)의 연대 측정**에 이르기까지. 방사성 의학에서부터 한순간에 도시의 건물을 날려버리는 파괴공학에 이르기까지. 전립선암 치료에서부터 원자력 발전(發電)에 이르기까지. 방황하던 학자들의 팡테옹 입전식(入殿式)***에서부터 격렬한 선거전(選擧戰)에 이르기까지.****

지난 20세기에는 비극적인 대사건들이 많았고, 그 와중에 인간

....

* 이 책 전반부의 주에서도 언급했듯이 성수반의 악마는 인간에 의해 이용되는 원자력(방사능)을 말한다. 그런데 이 악마가 다시 성수반에 갇혔다 함은 인간의 근거 없는 미신적인 두려움으로 인해 다시 그 사용이 제한되고 있는 원자력의 현 상태에 대한 은유이다. — 옮긴이

** 예를 들어 널리 알려진 '토리노의 성 수의'를 탄소-14 방식으로 측정해본 결과, 그것의 연대는 1325±65년이라는 사실이 밝혀졌다. 즉 학자들이 주장한 14세기설이 확인된 것이다.

*** 프랑스 파리에 있는 팡테옹Panthéon은 정치가, 예술가, 레지스탕스, 학자(방사능 연구의 선구자 퀴리 부부 역시 여기에 포함된다) 등 국가적으로 위대한 공헌을 한 사람들의 유해를 모시는 일종의 국립묘지 겸 사당(祠堂)이다. 그런데 경우에 따라서는 오랜 심의 끝에 사후 수십 년이 지난 후 비로소 유해가 안치되는 경우들도 많다. 즉 그 이전까지는 사자(死者)들이 팡테옹 밖에서 일종의 '방황'을 하는 셈이다. — 옮긴이

**** 현재 유럽에서는 원자력 발전소가 환경에 미치는 위험이 크게 부각되고 있고, 이것은 격렬한 정치적, 사회적, 환경적 논쟁의 대상이 되고 있다. 특히 원자력 발전소가 위치한 지역사회에서는 그 발전소의 존폐 여부가 선거전의 뜨거운 이슈가 되는 경우가 많다. — 옮긴이

의 본성은 가장 동물적인 모습의 밑바닥까지 드러내고 말았다. 참혹한 전쟁들…… 수천만의 인간들이 인종, 민족, 종교, 혹은 사회 계급을 이유로 죽어간 집단수용소와 굴라그(소련의 강제노동 수용소)들…… 기존 질서의 유지를 원하는 사람들과, 독립을 원하는, 그러나 때로는 자신들이 전복시키고자 하는 체제보다 민중에게는 더 고약한 체제를 주장한 사람들 사이에 벌어졌던 무모한 유혈 사태들……

역사가들에 따르면 20세기 동안에 1억 명 이상의 사람들이 이런 식으로 죽어갔다고 한다. 하지만 이 가운데 핵무기가 책임져야 할 몫은 전체의 수천분의 1도 안 될 것이다. 그럼에도 이 무기에 대한 두려움은 많은 사람들의 정치적 사고를 지배해왔을 뿐만 아니라 원자력 에너지의 미래에 큰 영향을 미쳐왔다.

물론 동서의 거대한 두 블록이 대치하던 냉전시대 동안, 핵에 대한 공포는 두 진영으로 하여금 일정한 한계를 넘지 못하게 억제력을 발휘해온 것이 사실이다. 그런데 많은 서구인들이 핵전쟁보다 더 두려워한 것이 있었으니, 그것은 바로 소련 진영의 군사적 승리였다. 승리한 사회주의가 자본가, 소시민, 지식인, 종교 집단 같은 특정 사회 계층들을 무자비하게 제거해버릴 거라는 강박관념에 사로잡혀 있던 서구인들이 죽음보다도 더 두려워 한 것이 있었다면, 그것은 세계 곳곳에서 여전히 '인민의 지도자'라는 이름하에 세습권력까지 획득한 채 독재를 자행하고 있는 폭군으로부터 지배를 받는 것이었다.

사회주의의 반대편 진영에서는, '나의 적의 적은 곧 나의 친구'

라는 격언을 따르고자 함인지 몰라도, 소위 선진 자본주의 대국(大國)이라 불리는 나라들이 다른 나라들의 가장 형편없는 파시스트 집단들을(예를 들어 그리스의 대령들, 혹은 피노체트나 모부투 같은) 지원해왔다. 불행히도 이런 추악한 예들의 목록은 매우 길다. 그리고 별로 떳떳하지 못한 역사적 추문들에 — 식민전쟁에, 스탈린주의에, 혹은 폴 포트 정권에 — 발을 담그기도 했던 모든 정치 집단들은, 새롭게 맞이한 세기가 그들의 부끄러운 과거를 말끔히 청산해주어, 백합과 같이 깨끗한 몸이 되어서 다시금 새로운 모험 속으로 뛰어들 수 있기를 희망하고 있다.

사회주의에 대한 두려움이 사라진 지금, 새로운 세기를 맞이한 인류는 방향 감각을 상실한 정치적 혼란 상태, 정책적 공황 상태에 처해 있다. 이러한 상황에서 구 정치인들의 경험과 식견은 — 그가 이전에 아무리 탁월한 방향 감각을 보여주었다 할지라도 — 거의 쓸모없는 것이 되고 말았다.

하지만 우리는 소련이 붕괴되고 있던 시점인 1989년에, 동서 양 진영 모두 합쳐 약 4만 개의 핵탄두를(그 각자는 히로시마를 날려버린 원자폭탄의 약 7배의 위력을 가지고 있다) 보유하고 있다는 사실을 알게 되었다. 이 때 이 양대 진영의 대치 상태가 종말을 고하면서 과학이 정치가들의 손에 쥐어준 그 어마어마한 힘을 과연 제대로 관리할 능력이 있느냐에 대한 심각한 회의가 일어난 것은 지극히 당연한 일이었다.

지금까지 축적된 핵무기는 지구상의 인간 거주 지역 대부분을 날려버릴 수 있는 위력을 가지고 있다. 그런데 오늘날 우리가 알고 있는 것은 무엇인가? 미국의 핵탄두들이 겨냥하고 있는 목표물에는 상대 진영 군 사령관의 정부(情婦)의 시골 별장까지 포함되어 있다는 사실이다. 이것은 혜안을 지녔던 아이젠하워 장군이 이미 그 위험성을 경고한 바 있는, 거대 군사산업 집단들의 로비 활동 앞에서 정치 계급이 보이는 무력함을 보여주는 가장 단적인 예라 할 것이다.

현재 전체 핵탄두의 수를 약 1만여 개로 감축할 것을 목적으로 미국과 러시아 사이에 대화가 이루어지고 있다는 사실은 무척 고무적이지만, 아직 우리를 완전히 안심시켜주지는 못한다. 이것은 평화적, 혹은 군사적 목적의 원자력 에너지 이용을 지지하든 혹은 반대하든 간에, 모든 사람이 깊은 관심을 가지고 주시해야 할 문제이다. 전 세계의 인구는 21세기 중반에 이르러 90억 명에 달할 전망이다. 그렇다면 사실 원자력 에너지 이용의 문제는, 우리와 똑같이 좋은 음식, 도시 생활, 멋진 자동차, 혹은 '레이브 파티'• 같은 것들을 향유하고 싶어할 그 90억 인구에게 에너지를 공급해야 하는 문제에 비한다면 훨씬 쉬운 것인지도 모른다. 그때가 되면 에너지 소비량은 현저히 증가할 것이고, 우리는 우리의 아이들에게 물려줄 자원에 대해 그 어떤 정치적 동기도 배제된 사심 없는 마음으로 진지하게 검토하지 않을 수 없게 될 것이다. 지금 우리에게 주어진 선택의 폭은 그다지 넓지 않다. 바로 지금 중대한 결정들을 내려야 하며, 그 결과

• 영국에서 발전한 테크노 음악과 구미 청소년의 주말 댄스 문화가 결합되어 90년대 이후 탄생한 광란의 밤샘 댄스 파티. 마약 등을 복용하는 경우가 많기 때문에 큰 사회 문제가 되고 있기도 하다. ─ 옮긴이

는 앞으로 반 세기, 혹은 십 세기, 혹은 백 세기의 운명을 좌우하게 될 것이다. 그리고 이런 중대한 결정이 목전의 선거를 위한 이해관계, 그리고 이를 위한 군중 선동에 의해 좌우된다면, 그것은 참으로 엄청난 결과를 초래할 것이다.

모든 형태의 에너지는 나름의 한계, 그리고 정확히 평가되어야 할 위험성을 가지고 있다. 따라서 원자력 에너지의 사용과 관련된 위험을 제대로 판단하기 위해서는, 우리가 일상 생활에서 경험하는 천연 방사능에 대한 정확한 이해가 반드시 필요하다.

약한 방사선원들 [44]

갑작스럽게 일어난 사고는 희생자의 수가 얼마가 되든, 자신이 직접 당하지 않은 이상 사람들의 기억에서 빨리 잊혀져간다. 반면 아무리 사소한 것이라도, 그 후유증이 오랜 기간에 걸쳐 많은 사람들에게 나타나는 사고는 용납할 수 없는 것으로 여겨지고, 따라서 사람들은 이에 대해 격한 반응을 보인다.

지구의 광범위한 지역에 엄청난 양의 방사능 물질을 퍼뜨린 체르노빌 사고가 일어난 이후, 수백만 명의 사람들이 자신이 위험 속에서 살고 있음을 절감했다. 이들 가운데 약 수만 명이 사고의 후유증으로 암에 걸렸고, 이 수는 계속 늘어날 가능성이 있다. 이 사고는 전 세계 사람들에게 오래도록 사라지지 않을 방사능 오염에 대한 공포감을 불어넣었다. 하지만 체르노빌의 경우처럼 장시간에 걸쳐 이루어지는 오염은 대기권 내에서 행해지는 숱한 핵실험들로 인한 오염의 3퍼센트에 지나지 않는다. 또한 체르노빌에서 방출된 요오드-131의 양은 핵실험들로 인해 방출된 요오드-131 양의 0.1퍼센트밖에 되지 않는다. 하지만 지속적인 환경 오염의 주범 가운데 하나인 세슘-137의 경우는 약 8퍼센트에 달한다.

원자력 산업이 초래하는 위험에 대한 토론은 방사능 물질들에 의해 방출되는 방사선의 효과에 대한 진지한 검토에서부터 출발해야 한다. 이러한 물질들은 관리되고, 처리되고, 매장되어 앞으로 수천 년, 심지어는 수백만 년 동안 지표면에 다시 나올 수 없는 상태로 관리해야 한다. 천연 전리(電離) 방사선●의 경우, 지구 전역에 걸쳐 다양하게 나타나는 자연적 수치들보다 낮은 수준에 한계치를 부과하는 것이 과연 합리적인가를 검토해보아야 할 것이며, 또한 대체 에너지 자원들이 초래하는 해독 역시 검토해야 할 것이다. 사실 이 대체 에너지 자원들 역시 때로 상당한 위험성을 노출하고 있으나, '핵 공포증'에 걸린 사람들은 이 점에 대해 애써 눈감으려 하는 경향이 있다.

생명체가 지구상에 출현한 이후, 그것은 언제나 무수한 방사선에 포위된 채 살아왔다. 이 방사선은 우주선(宇宙線)과●● 암석에 포함된 방사성 물질로부터 온 것들이다. 그리고 문명이 발전함에 따라 의학적, 산업적, 군사적 활동에 의해 방사선의 수는 더욱 증가되었다.

한편, 우주로부터 매우 높은 에너지를 포함한 입자(粒子)들이

● 인체 등의 물체에 조사(照射)될 때 인체에 유해한 전리 현상, 즉 물질을 구성하고 있는 일부 원소에서 외곽 전자를 분리시켜 이온을 만드는 현상을 일으키는 방사선을 말한다. ─ 옮긴이

●● 우주선이란, 우주 공간에 기원을 두고 있는 매우 높은 에너지의 입자로 이루어진 강투과성 전리 방사선을 말한다. 지표에 도달하는 우주선의 대부분은 태양에 기원을 두고 있다. ─ 옮긴이

지구에 도착하고 있다. 이들은 대기권 내 아주 높은 곳에서 핵반응을 일으켜 매우 다양한 종류의 분자들을 만든다. 이 분자들 중 뮤(μ)입자와 중성입자를 제외한 대부분은 해수면 높이에 도달하기 이전에 공기 속으로 흡수되어버린다. 중성입자는 질량도 없고 전기도 띠고 있지 않은데, 이것이 지구를 통과하면서 상호작용을 일으킬 확률은 약 10억분의 1밖에 되지 않는다.[45] 반면 뮤입자는 전기를 띠고 있어서 물질, 특히 인체와 상호작용을 일으킨다. 인체에는 매초 평균 5개의 뮤입자가 통과하고 있다. 우리의 신체 조직 속에서 한 개의 뮤입자는 어떤 방사능 물질의 전자보다도 백 배나 더 많은 에너지를 소모한다.

높은 고도(高度)에서 일어나는 각종 방사선 활동은 해수면 높이에서보다 훨씬 더 강력하다. 고산(高山) 높이에는 전자와 감마선, 즉 에너지를 띤 X선, 그리고 뮤입자가 있으며, 초음속 여객기 콩코드가 비행하는 높이에는 여기에 양자, 중성자, 그리고 파이온이 더해진다.

그림 4-6을 보자. 매우 큰 에너지를 포함한 하나의 양자는 대기권에 진입하면서 수많은 입자들을 만들어낸다. 그것들 중엔 μ(뮤), ν(뉴), γ(감마) 같은, 그리스 글자에서 따온 조금은 신비스런 이름을 가진 것들도 있고, 전자나 중성자처럼 우리에게 친숙한 이름을 가진 것들도 있다. 이 입자들의 종류가 하도 다양해, 이름 붙일 그리스 글자들은 다 써버린 지 오래인지라, 이제는 히브리어 알파벳을 사용하기 시작했을 정도이다!

핵반응에 의해 대기 중에 방출된 중성자들은 공기 중의 질소와

그림 4-6

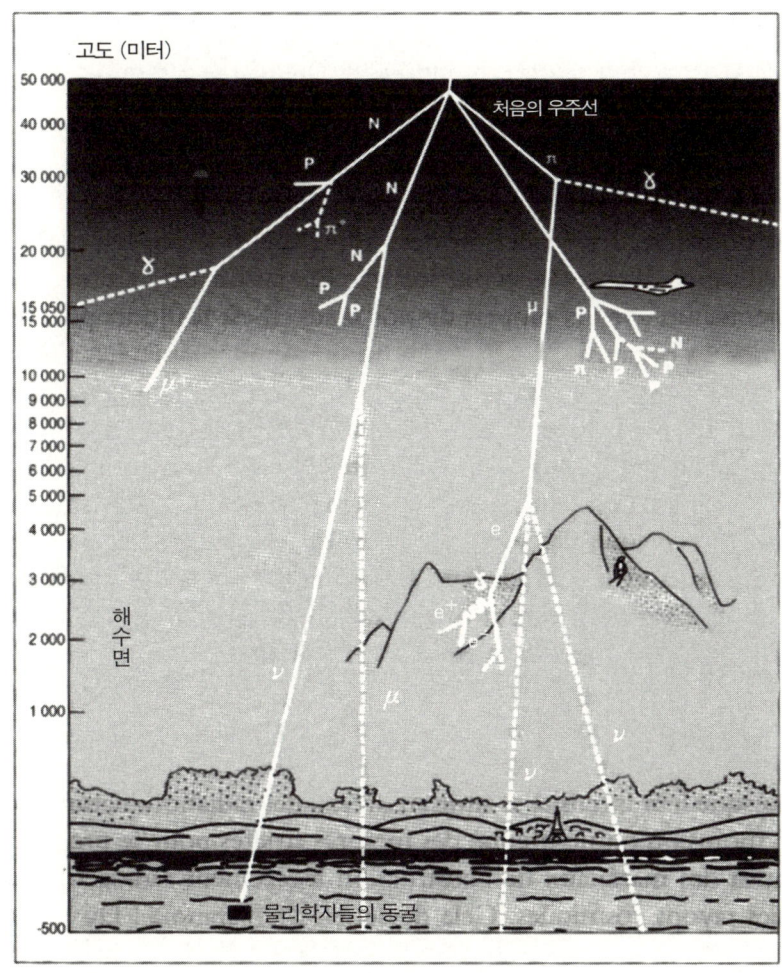

상호작용을 일으켜 방사성 탄소인 C_{14}를 만들어낸다. 이 C_{14}는 안정 상태에 있는 일반적인 탄소 C_{12}의 방사성 동위원소에 해당하는 것으

로, 평균 수명이 수천 년에 달하는데, 인간은 다른 모든 동식물들과 마찬가지로 매일 이것을 호흡하며 살고 있다(약 10퍼센트의 경우, 이 대기 중의 핵반응으로 말미암아 역시 방사성 물질인 3중수소가 발생한다). 이 C_{14}는 탄소를 포함한 모든 물체의(예를 들어 각종 유기체, 식물체, 뼈, 목탄 등) 연대를 측정하는 데 공통적으로 사용된다. 모든 동식물은 탄소가스의 형태로 C_{14}를 들이마시게 되는데, 나중에 이 유기체가 대기와의 교류를 멈추게 된 후에는 방사성 붕괴 작용에 의해 C_{14}의 농도가 줄어들게 된다. 따라서 물체 중의 C_{14}와 C_{12}의 비율을 측정해보면 C_{14}를 처음 들이마셨던 연대를 계산해낼 수 있는 것이다.

천연 방사선은 암석과 생명체 조직 내에 함유된 방사성 요소들에 의해서도 방출된다. 안정 상태에 있는 칼륨의 방사성 동위원소이며, 이것의 약 1만분의 1의 비율로 존재하는 칼륨-40(K_{40})의 평균 수명은 약 13억 년이다. 그러므로 이것은 지구가 만들어질 때 생성되었던 우라늄-235(U_{235})처럼 아직까지 남아 있다. 이것들은 죽은 별들의 먼지, 즉 우리 태양계를 탄생시킨 먼지들 속에 포함되어 있었다. 그런데 이 방사성 칼륨은 대부분의 인체 조직과 친화성이 있기 때문에 생명체 속에도 존재한다. 다른 광물 요소들은 수명이 긴 동위원소들을 가지고 있다. 체중이 70킬로그램인 사람이 포함하고 있는 방사성 물질에서는 매초 약 1만 번의 붕괴 작용이 일어나고 있다. 이 중 대부분은 인체 조직 속에 흡수된 상태로 있고, 극히 일부분만이 검출된다.

지구상에는 우주선의 뮤입자에 의해 형성되는 천연 방사선, 그리고 암석이 다양하게 방출하고 있는 베타선과 감마선 들이 배경음악처럼 퍼져 있지만, 그 속에서도 생명은 꾸준히 진화해왔다. 이 방사선들이 유전자적 손상을 초래할 가능성도 있지만, 생명 조직들은 진화를 해나가면서 유전자를 복구할 수 있는 메커니즘 역시 만들어왔다.

그러므로 방사선의 강도가 천연 방사선 수준에 머물러 있는 경우, 방사선을 무조건 위험하게 보는 것은 우습기 짝이 없는 일이다. 물론 약간의 방사능을 포함하고 있는 일부 건축재들로부터 우리 자신을 보호하기 위해 엄격한 안전 조치를 취해야 함은 말할 것도 없다. 하지만 사람들은 방사선에 대해 거의 강박증에 가까운 지나친 반감을 갖고 있는 것이다! 사회적인 관점에서 볼 때, 예상 이익보다 투입되는 비용이 더 많다면, 방사선의 비율을 줄이는 것은 언제나 유리하다 할 수 있다. 하지만 지금은 이 기본적인 득실 계산마저도 제대로 이루어져 있지 않은 실정이다.

우리는 스위스 출신의 물리학 교수를 만난 적이 있다. 그는 환경주의의 외관으로 그럴듯하게 포장된 반핵(反核)주의의 열정에 사로잡혀 있는 사람이었는데, CERN●을 격렬하게 비난했다. 이 연구소가 자신들의 활동으로 인해 발생하는 방사선의 강도가 자연적 환경 속에 존재하는 방사선에 비해 극히 낮은, 즉 위험성이 없는 것이라고

....

● 유럽입자물리연구소. 유럽의 20여 개 국가가 예산을 공동 부담하여 운영되고 있으며, 미국 페르미연구소와 함께 세계 최대의 입자물리연구소로 꼽힌다. 현재는 자연계의 입자 중 유일하게 발견되지 않은 신비의 입자인 힉스입자를 발견하기 위해 둘레가 27킬로미터에 달하는 세계 최대의 입자가속기(LHC)를 만들고 있는 중이다. 그런데 이 입자가속기는 작동 중에 방사선을 방출하게 된다고 한다. 지금 이 책의 저자인 조르주 샤르파크도 이 연구소의 일원이다. ─ 옮긴이

발표했기 때문이라는 것이다. 이 교수는 방사선 선량(線量)이 많을 수록° 유기체는 방사선에 저항하기 위해 방어기제를 만들어내지만, 선량이 낮으면 오히려 방사선의 공격은 더 교활해져서 더욱 무서운 것이 될 수 있다고 단언했다. 그의 논리대로라면 그가 치명적이라고 주장하는 약한 방사선은 우리를 위협할 수 없다. 왜냐하면 우리는 항상 이보다 선량이 높은 천연 방사선에 둘러싸여 살고 있기 때문 이다. 이 천연 방사선이 조금도 위험한 것이 아님은 말할 것도 없다. 어떤 반핵주의적 이념에 의해 천연 방사선의 영향력이 엄청나게 과 장되지 않는 한 말이다. 물론 그 교수는 그렇게 하겠지만……

또 지역이나 고도에 따라 천연 방사선 조사량이 천차만별이라는 사실은 우리에게 이런 궤변들이 일고의 가치도 없다는 것을 여실히 증명해준다. 하지만 낮은 선량의 방사선이 인체에 어떤 영향을 미치 는가에 대한 평가는 중요한 사회적 현안인지라, 이에 대한 수많은 논쟁들이 일어나고 있는 실정이다. 따라서 다양한 방사선원(放射線 源)이°° 각기 얼마만큼 중요한지, 그리고 이들이 건강에 미치는 영 향은 무엇인지를 이해하는 것은 필수적이다.

물리학적 도구들은 방사선에 매우 민감하다. 그래서 물리학자들 은 어떤 방사성 원자로부터 방출되어 빠른 속도로 지나가는 전자 하 나의 존재까지 손쉽게 탐지해낼 수 있다. 여기서 우리의 관심은 방사 선에 대한 인체의 감수성에 모아진다. 인체는 약 10^{28}개[46]에 달하는 원자, 그리고 약 10^{14}개의 세포로 이루어져 있으며, 빠른 속도로 지

° 방사선 선량이란, 주어진 물질의 질량 내에 흡수된 전리 방사선의 양을 말한다. ─ 옮긴이
°° 방사선을 발생시키는 출처 ─ 옮긴이

나가는 한 개의 전자는 약 10^{14}개의 원자를 포함한 하나의 세포 속에서 약 10^{15}개의 원자를 손상시킬 수 있다. 우리가 고려해야 할 것

방사선 측정 단위

1Bq(베크렐) : 베크렐은 초당 한 번씩 붕괴되는 어떤 방사선원의 활동(방사능)을 말한다.

1Ci(큐리) : 큐리는 초당 3.72×10^{10}회 붕괴되는 어떤 방사선원의 활동(방사능)을 말한다. 이것은 라듐 1그램이 방출하는 방사능이다.

전리 방사선으로 인해 발생하는 조사의 물리적 효과는 1킬로그램의 유기체에 가해지는 에너지의 양으로 측정된다.

1Sv(시버트) : 시버트는 킬로그램당 가해지는 1줄*에 상응한다. 1줄로는 1그램의 물의 온도를 0.24℃ 높일 수 있다. 그리고 1밀리시버트는 1천분의 1시버트에 해당한다.

조사의 생물학적 효과는 생물학적 효율계수에 의한 물리적 효과 Q와 연결되어 있다. 종전의 조사 단위로는 뢴트겐이 있는데, 이는 1시간 동안 1큐리의 라듐에서 1미터 떨어진 곳에서 받게 되는 조사선량(照射線量)에 해당한다.
생물학적 조사선량은(램rem*) 다음과 같은 비율로 라드*와 연결된다.

1rem(램) = 1rad(라드) × Q
1Gy = 1gray(그레이)* = 100rad
1Sv = 1Gy × Q
1rad = 10mSv

---

* joule, 전기 에너지의 단위 — 옮긴이
* 등가선량을 나타내는 전통 단위이며 흡수선량에 입사된 방사선의 상대적인
생물학적 효과(선질계수 Q)를 고려한 값이다. roentgen equivalent man의 약자— 옮긴이
* rad, 방사선의 흡수선량을 나타내는 전통 단위 — 옮긴이
* 현재 사용되고 있는 흡수선량의 국제 표준 단위 — 옮긴이

은, 일생 동안 우리 몸의 각 세포에는 이렇게 수백만 개에 달하는 상처가 생기고 있으며, 이 상처들은 생체 조직이 보유하고 있는 놀랍고도 복합적인 메커니즘에 의해 바로바로 복구되고 있다는 사실이다. 또 방사선 조사에 의해 발생하는 원자 손상(損傷)이 인체에 미치는 영향은 아직까지 그 비밀이 거의 밝혀지지 않은 매우 미묘한 문제이다.

인체를 구성하는 원자들과 반응을 일으키는 대부분의 우주 입자들은 원자로부터 전자를 분리시키며, 이 때문에 '전리 방사선'이라 불린다. 그리고 이러한 입자들은 생체분자에 대부분 같은 영향을 미친다. 차이가 있다면 생체세포를 파괴하는 능력이 다르다는 것뿐이다. 방사선이 무겁고도 느린 입자, 즉 헬륨의 핵을 이루고 있는 알파입자로 이루어질 때와, 전자나 감마선 같은 가볍고도 빠른 입자로 이루어질 때의 파괴 능력은 각각 다르다. 생물학자들은 방사선 촬영이나 방사선 치료 등에 사용되는 방사선들에 Q*라는 생물학적 효율계수를 부여한다. 예를 들어 X선, 감마선, 빠른 전자들의 값이 1이 된다면, 프로톤, 빠른 중성자는 10이 되고, 알파입자는 20이 되는 셈이다.

내 부 조 사 로 인 한 연 간 선 량

조르주 샤르파크와 리처드 L. 가윈은 공동 작업[47] 뒤에 가진 토론에서, 방사선 효과에 대한 새로운 측정 단위를 도입할 것을 제의했

----

* 선질계수(線質係數). 입사된 방사선의 상대적인 생물학적 효과 ─ 옮긴이

다. 바로 다리Dari라는 단위인데, 이것은 대중에 영합하는 선동 논리에 미혹되지 않기 위하여 방사선 문제에 관해 진지하게 성찰해보고자 하는 모든 사람에게 이해 가능한 것이었다.

방사능 물질 이용에 있어서 과학적 연구의 장점 — 그의 강력한 탐지 능력 — 이 지금 역설적으로 위험한 약점이 되고 있는 실정이다. 이제 사람들은 탐지기를 사용해 단 하나의 원자의 붕괴까지(1 베크렐) 측정할 수 있게 되었다. 하지만 일반적으로 비방사성 물체를 조사(照射)하기 위해서는 수십억 개의 원자가 필요하다. 그런데 사람들은 베크렐 단위로 측정된 방사능 오염을 고발하면서도, 정작 인체 내에 상존하는 1만 베크렐의 존재는 모르는 체하고 있다. 이렇게 이들은 우리의 몸 안에 상존하고 있거나, 각종 일상 생활 중에 받게 되는 무수한 방사능 공격에 비하면 대수롭지 않은 것일 수도 있는 이들 방사능 오염의 효과를 과장하고 있는 것이다.

인체는 자연 상태에서 K_{40}이나 C_{14} 같은 인체에 상존하는 물질에 의해서 방사능 조사를 받고 있다. 이런 이유로 우리는 1만 베크렐 정도의 강도를 가진 이 자연적 조사의 효과를 하나의 기준 단위로 설정할 것을 제의했다.

원자력 산업체 노동자가 받는 연간 500다리의 선량으로 인해 감소되는 평균 수명은 월 10개비의 담배를 피워 감소되는 평균 수명과 같다. 따라서 이 원자력 노동자의 선량은 각종 직업 활동에 결부된 다른 특수한 위험들과 비교되어야 한다. 예를 들어 자동차 운전은 배기가스에 포함된 발암물질로 인한 위험성을 포함하고 있다.

그런데 최근에는 10분의 1다리도 채 안 되는 강도의 우연한 방

몇 가지 방사선원의 상대적 강도	
0.1다리	프랑스 내에서 원자력 에너지 이용으로 인해 받게 되는 선량
5다리	일-드-프랑스 지방의 토양
10다리	브르타뉴 지방의 토양
5다리	해수면 수준에서의 우주선 조사. 50미터 높아질수록 1다리씩 증가한다.
6다리	원자력 산업 및 전리 방사선을 방출하는 모든 산업체들에게 적용되는 일반인에 대한 효과 한계허용치
1-40다리	프랑스 의료 방사선의 평균치. 이 수치는 단순한 폐의 검사냐, 아니면 몸 전체의 조영이냐에 따라 큰 차이를 보인다.
500다리	지난 5년간, 원자력 산업체에서 일하는 노동자의 연간 최대 선량

사선 조사들이 숱한 논쟁을 불러일으키고 있는 실정이다. 하지만 위의 도표[48]를 통해, 우리는 크리라드CRIRAD 나 그린피스Greenpeace 같은 그룹이 총체적인 차원에서 보면 거의 존재하지 않는다고 할 수 있는 정도의 효과를 내는 방사능 오염 사건에 대해 요란한 경종을 울리면서 일반 대중의 순진함을 어떻게 이용하고 있는지 알 수 있다.

사실 원자력 에너지와 관련된 가장 중요하고도 실질적인 문제는 방사성 폐기물의 관리 문제이다. 폐기물 중 어떤 것들은 수십만 년에 달하는 매우 긴 수명을 갖고 있다. 이들의 처리를 위해 여러 가지 방안이 검토되고 있는데, 그 중 하나가 사막의 지하 우물 속에 깊이 매장하는 것이다. 그런데 중국과 멕시코 같은 나라에는 지난 200만 년 동안 비가 내리지 않은 사막이 존재한다. 이런 나라들은 이곳에 세계 각국의 방사성 폐기물을 묻게 함으로써 상당한 수입을 올릴 수 있을 것이다. 용해 상태에 있는 폐기물을 유리 용기에 담고, 이것을 두꺼운 금속으로 된 컨테이너 속에 넣는 방법도 연구 중이다. 폐기물을 지표면 가까운 곳에 묻었다가, 나중에 다시 꺼내 핵변환 방법으로 그것들을 완전히 파괴해야 한다고 주장하는 사람들도 있다. 또 어떤 이들은 수천 년간 방사선 조사를 견딜 수 있는 특수 컨테이너에 넣어 깊은 지하 동굴 속에 매장하자고 주장하기도 한다. 이는 현재 프랑스 정부가 진행하고 있는 연구 주제이기도 한데, 이 결과를 토대로 2006년에 최종 선택을 하게 될 것이다.

엔지니어들에게 부과된 기준치가 하나 있는데, 그것은 이들이 받는 외부 조사선량은 각종 자연적 방사선 활동으로 인한 조사선량의 2퍼센트를 넘지 말아야 한다는 것이다. 프랑스 내의 자연적 변동치는 연 250퍼센트 정도 된다는 사실을 감안할 때, 이 기준치는 합리적인 것이라 할 수 있다.

어떤 사람들은 아예 어떠한 인위적 방사선도 존재해서는 안 되며, 따라서 원자력 에너지 사용을 완전히 중단해야 한다고 주장하기도 한다. 하지만 지구 전체 차원에서 볼 때 활동 중인 자연적 방사능의 양이 엄청나다는 사실을 감안하면, 이와 같은 입장은 거의 병적인 경직성에서 나온 태도라 아니할 수 없다. 하물며 바다 속에 매장되어 있는 천연 우라늄의 양만 해도 엄청나서, 수백만 년 동안 전 세계 원자력 발전소들을 가동하기에 충분한 양의 우라늄 채굴도 가능한 실정이다. 그런데 이 바다 속 우라늄은 아무런 위험도 초래하지 않는다. 사람들은 아무런 걱정 없이 해수욕을 즐길 수 있는 것이다. 오히려 태양빛이 유발할 수 있는 피부암을 경계하는 편이 훨씬 나으련만, 사람들은 이에 대해선 별로 신경쓰지 않는다!

그러므로 우리는 존재하는 실제적인 위험들을 고려해야 한다. 그 중 어떤 것들은 갑자기 세상에 드러나기도 한다. 예를 들어 2001년 9월 11일의 뉴욕 세계무역센터 붕괴 사건은 테러리즘이 지닌 위험성을 여실히 보여주었다. 우리는 이러한 실제적 위험에 대처해야 한다. 그것이 원자력에 관련된 것이든 아니든 간에, 위험 가능성 있는 모든 장소에 지대공 미사일을 배치해놓는 것은, 군대 창고 속에 처박아두는 것보다는 훨씬 합리적인 이용이라 할 수 있을 것이다. 화학 공장을 비롯한 수많은 산업 단지들이 안고 있는 위험성에 대한 고려 역시 꼭 필요하다. 인도의 유니온 카바이드Union Carbid 공장에서 일어난 참사로 수천 명의 사람들이 동시에 목숨을 잃은 사건을 기억하자. 에너지 자원과 관련하여 결정을 내려야 할 위치에 있는 책임자들이, 가장 요란스러우면서 또한 누군가에 의해 풍부한 자금 지원을 받고 있는 몇몇 단체들의 중우적 선동에 현혹되는 일 없이, 인류에게 제공된 각종 천연자원들을 냉정하게 검토하고 또 비교해봐야만 하는 이유가 바로 여기에 있으니 말이다.

지구의 가용 천연자원에 비해 과도한 인구 증가는, 원자력이나 그 밖의 사건이 초래하는 것보다 훨씬 더 큰 손실을 초래하게 될 것이다. 이런 상태는 절망적인 상황에 처한 사람들, 즉 더 이상 잃을 것도, 미래도 없는 사람들로 하여금 테러리즘이 뿌리내릴 이상적 토양이 될 소지를 제공한다. 그런데 이 테러 집단들 역시 과학 기술의 혜택을 받고 있어서, 세균무기 같은 대량 살상무기를 싼 비용으로 만들어낼 수 있게 되었다. 이러한 어두운 전망들에 대한 예방책은 오직 하나일 것이다. 그것은 안정된 제도 속에 번영하고 있는 국가의 국경선, 즉 착한 소비자로 행동하기만 하면 보장된 미래를 가질 수 있다는 환상을 주는 국경선 안에서 태어나는 특권을 누리지 못한 사람들에게 우리 모두가 연대의식을 갖는 것이다. 스위스 우체부가 이탈리아나 인도의 우체부에 비해 비교할 수 없이 높은 생활 수준을 누리고 있다면 이것은 순전히 우연의 결과일 뿐이다. 그들이 살고 있는 나라들간의 차이에 대해 그들 자신은 아무 책임이 없기 때문이다.

이 연대의식과 더불어 이들 국가에 대한 경제 원조 또한 이루어져야 한다. 그러나 원조를 하더라도, 시장경제 법칙에 의한 기적이 일어나기를 바란다면 아무 문제도 해결할 수 없다. 교육에 대한 엄청난 투자가 병행되어야만 하는 것이다. 교육이야말로 빈곤으로 죽어가는, 무지로 인해 분별력을 잃어가고 있는 대중을 최면 상태로 유도해가는 종교적, 정치적 원리주의자들에 대한 유일한 예방책이기 때문이다.

기이한 박사 학위 논문

엘리자베스 테시에 여사는 점성술의 미덕을 옹호하는 내용으로 소르본대학에서 사회학 박사 학위를 취득했다.[49] 이 사건으로 세상이 떠들썩해졌는데, 그것은 대학 교수들이 소위 개방적 정신이라는 미명하에 파리의 명성 높은 대학으로 몽매주의의 물결을 어떻게 끌어들이고 있는지를 이 사건이 여실히 보여주었기 때문이다. 물론 민주 사회에서 인간의 창조성이 다양한 형태로 꽃피는 것은 정당한 일이다. 그러니 신학 관련 학과에서 종교적 명상을 한다면 아무도 뭐라 하지 않을 것이다.

하지만 우리 사회에는 마법, 신비적 학문, 점성술 등의 관련 학과가 없는 게 유감인 사람도 많은 모양이다. 만일 그런 학과들이 존재한다면 수백만 프랑스인들을 상담하고 치료하고 위로해주고 있는 수만 명에 달하는 사람들의 재능이 활짝 꽃필 수 있을 텐데 말이다. 또한 사회에 대한 공로를 인정받아 명예박사 학위를 받을 수 있을 것이고, 재능 있는 이들이라면 마마무시mamamouchi*의 대 재상(宰相) 같은 번쩍거리는 칭호들을 얻을 수 있을 텐데 말이다. 하지만 이들이 심리학, 사회학, 정신의학의 연구 대상 이외의 다른 자격으로 대학 내부에 입성하는 것은 용납될 수 없다.

교육부는 이런 코미디 같은 논문 심사에 참여한 그 명성 높은 심사위원 양반들을 징계할 권한을 갖고 있지 못한 것일까? 프랑스에서 사회학 학위 논문을 준비하고 있는 학생들이라면, 엘리자베스 테시에의 박사 학위 심사위원단을 구성했던 사람들을 자신들의 지도교수나 시험관으로 모시지 말 것을 충고하고 싶다. 만일 이들의 이름이 논문 표지에 새겨져 있다면 읽어보기도 전에 많은 사람들이 논문 내용에 대해 선입견을 갖게 될 것이기 때문이다. 물론 이들이 자신의 행위에 대하여 공개적으로 반성한다면 사정이 달라지겠지

....
* 몰리에르의 희극 「부르주아 귀족le Bourgeois gentilhomme」에 나오는 명칭으로, 딸을 반드시 귀족과 결혼시키려 하는 허영기 가득한 아버지를 속이기 위해 사용되는 가상의 터키 왕족 이름 ─ 옮긴이

만…… 이들 교수들뿐 아니라 대학도 문제가 있다. 어떤 경우에 있어서는 논문 통과를 취소할 수 있지 않을까? 우리는 다음과 같은 주제의 논문을 검토해볼 것을 정식으로 제의한다. '저명한 교수님들로 하여금 원시적인 미신들에, 대학의 상석은 아니라 할지라도 적어도 구성원의 자격을 주는 학문적 위치를 부여하게 만드는 사회적, 심리적 요인들의 분석'

다행스러운 건 몇몇 언론들이 우리 사회에 이러한 사기꾼들이 마음대로 활개칠 수만은 없다는 사실을 풍자적으로 보여준 것이다. 예를 들어 2001년 4월 11일, 시사 일간지 《르 카나르 앙셰네Le Canard enchaîné》는 "엘리자베스 테시에 : 소르본 모험을 하는 점쟁이Elizabeth Tessier : une diseuse de Sorbonne aventure•"라는 제목으로 프레데릭 파제스의 기사를 게재했다.

수많은 명함••을 보유한 멋쟁이 점성술사 부인이 짱짱한 고객을 꾀어냈으니, 바로 소르본 대학의 심사위원단이다. 이들은 그녀에게 '박사•••' 칭호를 수여했다. 도대체 이들은 어떤 별자리 운세의 희생양이 된 것일까?
〔……〕 두 시간 반 동안 진행된 논문 심사 중에 오간 것은 점성술에 대한 아무 의미 없는 멍청한 말들뿐이었고, 그 와중에 나온 확실한 정보는 단 하나, 즉 엘리자베스 테시에의 본명이 제르멘 앙셀만이라

• 이는 diseuse de bonne aventure, 즉 '좋은 운수(모험)에 대하여 말하는 사람(=점쟁이)'이라는 말을 패러디한 표현이다. ― 옮긴이
•• 원문에 사용된 carte란 표현에는 '카드'라는 의미도 있다. ― 옮긴이
••• 이 '박사docteur'라는 칭호는 중세 시대 때 기독교 교리의 강의라는 약간은 비과학적 성격의 활동을 하는 사람에게 주어진 칭호이기도 하다. ― 옮긴이

는 사실이었다……

　중요한 것은, 이제 '박사'가 되신 제르멘은 점성술이 노쇠한 소르본에 의해 공인되었음을 선언할 수 있게 되었다는 사실이다. 우리는 다음 월요일 강의가 시작될 때 이 심사위원단의 존경스런 교수님들이 학생들 앞에서 '지적 엄격성' 운운하며 강의하는 모습을 상상해본다.

　마찬가지로 2001년 4월 11일, 시사 주간지 《샤를리 엡도 Charlie hebdo》 역시 제라르 비아르가 쓴 "소르본의 이르마 여사[50]"라는 기사를 게재했다.

　그녀가 마치 설교하듯 논문을 발표하기 시작했을 때, 사람들은 그녀가 도대체 무슨 말을 하고 있는 것인지 이해할 수 없었다. 그러나 그녀의 논문이 그렇게 우스운 것만은 아니라는 사실을 곧 깨닫게 되었다.
　[……] 드디어 그 껑다리 붉은 머리 여자가 발표를 마쳤을 때, 사람들은 심사위원들이 그녀의 성형수술한 낯짝에다 900여 페이지에 달하는 두꺼운 논문을 집어던지며, 여기는 소르본이지 드샤반* 쇼가 아니라고 말해주길 기대했다. 하지만 웬걸! 현실은 정반대였다. [……] 두 시간 반 동안, 프랑스의 가장 명성 높은 대학에서 사람들은 커피 찌꺼기며 수정구(水晶球) 같은 것들에 관해 토론했다. 이것들이 사회학의 당면한 문제라고 믿는 척하면서…… 문제는 점성술사 여인이 모종의 수단을 써서 대학에 입성했다는 사실이 아니었다. 가장 충격적인 것은 네 명의 교수가 눈 하나 깜짝 않고 그녀를 그들의

----

* 크리스토프 드샤반Christophe Dechavanne은 프랑스의 유명한 TV 토크쇼 진행자이다. 그의 토크쇼는 선정적인 흥미를 유발하기 위하여 사회 각계 각층, 온갖 부류의 사람들을 출연시키고 있다. ─옮긴이

동료로 받아들였다는 사실이었다.

만일 이 두 기자에게 소르본 대학에서 테시에 여사의 심사위원들로 심사위원단을 구성하여 사회과학 분야 학위 논문을 제출해보라고 하면 이들은 어떤 반응을 보일까? 모든 면에서 따져볼 때, 그 어떤 엉터리 대학도 시대를 거스르는 반동적인 대학교보다는 나을 것이다.

5_ 꿈꿀 권리, 깨어 있을 의무

표피적 반응

제2차 세계대전이 일어나기 전, 카사블랑카*의 어느 고등학교에 방사선 탐색에 정통한 교사가 한 명 있었다. 그런데 그는 자신이 탐색추를 사용해 바칼로레아**시험지를 채점할 수 있다고 주장했다. 정말 황당한 일이 아닐 수 없었다. 그러나 다행히 당시 교육부가 이 교사가 학교에서 자신의 초능력을 발휘하지 못하게 조처를 취했다고 하니 안도의 한숨을 내쉬지 않을 수 없다. 그런데 이런 어처구니없는 일이 얼마 전에도 일어났던 것이다!

일례로 신문 사회면에 "별자리가 맞지 않아 해고당하다!"라는

....
* 과거 프랑스 식민지 중의 하나였던 모로코의 수도 ― 옮긴이
** 프랑스의 대학입학자격시험 ― 옮긴이

굵직한 헤드라인과 함께 실린 기사를 읽게 되면, 이건 또 도대체 무슨 일인가 하는 생각이 들지 않을 수 없다. 이것은 1984년 프랑스에서 벌어진 일이다. 아마도 법정 소송이 뒤따른 것 같기는 한데, 확실한 것은 알 수 없다.

또 1991년 말의 모 일간지를 보면 다음과 같은 기사가 눈에 띈다. 어떤 대도시의 한 고등학교 졸업반이 '최면치료사, 수(數)점술사, 점성술사, 관상술사'들의 능력을 보여주기 위한 모임을 개최하여, "대기업 신입사원 채용에 있어서 점증되어가는 의사과학의 역할과 그 창조적 정신의 시범"을 보여주었다는 것이다. 정말 기막힌 일이 아닐 수 없다. 그리고 "행사의 실질적인 좌장 역할을 한 교육감, 고등학교 교장을 비롯한 수많은 인사들이 행사 후 칵테일 파티에 참여했다"고 하니 우리 눈을 의심하지 않을 수 없다.

당시 십여 명의 교사들이 자신들을 경악시킨 이 사건을 알려주기 위해 우리 동료들 중 한 명에게 이 기사를 가져다주었다. 그는 문제의 교육감에게 보낸 편지에서 "과학 문화와 관련된 제반 행동들을 전개해야 할 이 시점에서, 국가 교육 기관을 책임지고 있다는 인사들이 알베르 자카르Albert Jacquard 박사*의 매우 적절한 표현대로 '우리 문화를 백치(白痴)화하려는 시도'에 협력하고 있다는 사실이 매우 유감스러우며, 나와 동일한 교육 목표를 갖고 있다는 사람들이 이러한 행동을 한 것에 대해 실로 민망함을 느낀다"라고 질타했다.

....

* 프랑스의 유명한 통계학자이자 집단 유전학의 권위자. 과학과 사회에 대한 여러 저서를 썼으며, 이들 대부분은 프랑스 국민의 사랑을 받는 베스트셀러가 되었다. 한국에는 『과학의 즐거움』이 번역되어 있다. ─ 옮긴이

이러한 반응에 대해 그 교육감이 (그녀 자신의 의도와는 관계 없이 우리의 실소를 자아내는) 답신을 보내왔다. 그녀는 문제의 일간지가 "칵테일 파티의 실제적인 좌장은 교육감이었다는 내용을 실은 것은 실수였다"고 전해왔다. 그리고 이 일간지를 읽는 수십만 명의 독자들이 그 사실을 모르고 있는 것이 극히 유감이라고 덧붙였다.

그러나 이 편지에서 가장 흥미로운 부분은 다음의 구절이었다. "당신에게 한 가지 분명히 하고 싶은 점이 있습니다. 그것은 각 단체장들은 그들이 가진 자율권 안에서, 그것이 어떤 만남, 학회, 시위든 간에 각 기관에 유익한 행사를 개최할 권한이 있다는 사실입니다." 이 교육감의 말이 맞기는 하나, 여기에는 한 가지 조건이 따른다. 즉 그 행사가 어떤 불법적인 활동의 소개, 선전, 찬양을 목적으로 해서는 안 된다는 것이다. 여기서 불법적인 활동이란 법에 저촉되는 활동을 말하며, 이것은 바로 문제의 그 행사에 해당되는 경우였던 것이다!

물론 이 점은 다시 서신을 통해 교육감에게 분명히 알렸다. 우리가 교육 현장의 수많은 동료들과(하지만 분명 모든 동료들은 아닌 것 같다) 공유하고 있는 교육 목표는 어느 날 우리의 중학교, 고등학교, 대학교 안에서 점성술이나 수점술 같은 의사과학들이 버젓이 교육되고 있는 것을 보는 게 결코 아니라는 사실과 함께 말이다.

이 사건이 우리에게 보여주는 것은 우리 교육계에서 권위를 행사하고 있는 몇몇 인사들이(다행스럽게도 이들의 수는 별로 많지 않다) 얼마나 빈약한 지식과 정보를 갖고 있는가 하는 점이다.

소규모 가내 사업에서 다국적 기업으로

21세기로 들어선 현재에도 우리 사회 각계 각층에 몽매주의의 병균이 침투해 들어오고 있으며, 이는 앞으로 심각한 결과를 가져올 것이다.

각종 신비술은 영리를 목적으로 한 사업체 성격을 띠면서 그 규모도 최근 몇 년 사이에 국내의 소규모 수준에서 국제적 수준으로 성장했다. 그 때문에 현재 과도하고도 파행적인 각종 현상들이 나타나고 있는 것이다. 우리는 무슨 일이 있더라도 이런 흐름에 종지부를 찍어야 한다. 초자연적인 것에 대한 정열이 일정한 한계를 벗어나면, 그것이 지닌 해악은 급속도로 커질 수 있기 때문이다.

우리가 이미 강조했듯이, 어떤 국가든 조잡한 오류, 그릇된 생각, 정당화되기 어려운 논리 들을 받아들일 경우 반드시 엄중한 대가를 치루어야 한다. 왜냐하면 이런 것들은 '국가의 지적 형성 체계에 심각한 타격을 가하며' 국가로 하여금 '이성의 모든 가치들에 대하여 의심하게' 만들기 때문이다. 불행히도 우리 시대는 이런 점에 있어서 좋은 실례가 될 듯한데, 그것은 미디어들이 각종 의사과학의 전도사 역할을 자임하면서 몽매주의를 조장하고 있기 때문이다.

또 한 가지 지적할 것은 마술적, 신비술적, 초자연적 활동들이 최근 들어 놀랍도록 빠른 속도로 부활하고 있다는 사실이다. 도대체 무엇이 — 아마도 사람들이 의식하지 못하는 가운데 — 이런 활동을 급속도로 확산되게 만들고 있는가? 간단히 말하자면 이러한 변화를 이끌고 있는 것은 '경제적 동기'라고 할 수 있다. 하지만 문제의 본질은 더 심각한 것인지도 모른다. 유전학자 알베르 자카르는 이미 이것을 분명하게 지적한 바 있다. "시민들을 말 잘 듣는 양떼로 만드는 것, 이것은 많은 권력자들의 꿈이다. 이 꿈을 이루기 위한 방법은 수없이 많다. 그들을 의사과학으로 중독시키는 것 역시 매우 효과적인 수단 중의 하나이다."

이 말이 너무 지나치다고 생각하는가? 하지만 문화적 사명을 띤 어떤 공공 텔레비전 방송국이 — 훌륭한 프로그램들을 적잖게 방영하여, 그래도 다른 방송국들보다 훨씬 낫다는 평가를 받는 이 방송국이! — 방영했던 첫방송이(그렇다. 그것은 이 방송국이 전파를 통해 내보낸 첫 번째 프로그램이었다!) 무엇이었는지 아는가? 〈과학과 기술〉이라는 그럴싸한 제목을 붙여서 내보낸 방송이 과연 어떤 것이었는지 아는가? 그것은 케옵스Khéops 왕●의 피라미드의 축소 모델, 이른바 고기를 썩지 않는 미라로 만들고(!) 닳아버린 면도날을(!!) 다시 날카롭게 해주는(왜냐하면 — 원문을 그대로 인용하자면 — "금속들은 피라미드 내부에서 돌연변이를 일으키게 되므로") 파장(波長)들을 집중시킬 수 있다는 피라미드 모델을 소개하는 것이었다.

이 모든 것들은 흰 가운을 입은 의사과학자들의 확신에 찬 목소리를 통해 소개되었다. 믿기 어렵겠지만 실제로 일어난 일이다! 이것이 바로 아르테ARTE 방송●●이 1992년 10월 28일에 개국을 기념

● 고대 이집트 제4왕조의 두 번째 파라오. 그의 거대한 피라미드는 기제Gizeh에 위치하고 있다. — 옮긴이

하여 방영한 프로그램이었던 것이다.

　시작하면서부터 보여준 이런 어처구니없는 방송에 쏟아진 격렬한 비난들이 이 방송국 제작 책임자들을 좀 더 현명하게 만들었으리라 상상해볼 수 있을 것이다. 하지만 최근에 일어난 일들을 볼 때 현실은 조금도 그런 것 같지 않다. 예를 들어 2001년 6월 8일, 아르테는 초자연 현상을 주제로 한 매우 긴 프로그램을 하나 방영했다. 그런데 이 프로그램에 비판적, 회의적 접근은 거의 보이지 않고, 오히려 유령 사냥, 장난꾸러기 유령의 존재 같은 것을 인정하는 말들만이 난무했다.

　또 2001년 9월 17일에 방영된 〈아르키메데스Archimède〉란 프로그램은 또 어떤가? 이 프로그램은 '과학, 기술 매거진'이라는 부제가 붙은 교양물 시리즈로서 평상시에는 이 날 방영분보다 훨씬 진지한 모습을 보여주었다. 그런데 9월 17일자 방영분은 현란한 이미지들과 함께 극미(極微) 세계에서 일어나는 신비스러운 결정(結晶) 작용을 소개해주었는데, 이 모든 것은 결국 물의 기억력 이론에 대한 증거로서 제시된 것들이었다.

　항상 그렇듯 이 모든 과정에는 몇몇 권위자들이 그럴싸하게 동원되었다. 이른바 슈트트가르트대학에서 왔다는 중심 인물이 나오고, 이따금씩 현미경이 화면을 가득 채운다. 물론 이런 프로그램을 방영한 것과 관련해 전혀 변명의 여지가 없는 것은 아니었다. 즉 과거에 물의 기억력이라는 테마를 사용한 어떤 과장된 내용의 광고가

** 프랑스와 독일이 공동으로, 고급 문화 양성과 유럽 각국간의 문화 교류를 목적으로 설립한 텔레비전 방송국. 유럽인들 사이에선 지적이고 격조 높은 방송국으로 알려져 있다. ― 옮긴이

상당 기간 전파를 탄 적이 있는데, 이 때문에 수많은 사람들이 미혹되었던 바 있었던 것이다. 어쨌거나 위의 예는 문화적 흐름을 선도하는 방송국까지 몽매주의의 병균에 전염되어 있음을 잘 보여준다.

합리성과 신앙

합리성은 우리가 신비 현상에 대해 갖는 신앙을 평가하거나 그것들을 극복하는 데 있어 중요한 역할을 하고 있다. 그런데 역으로 우리가 신앙을 갖는 데 있어서도 합리성은 모종의 역할을 하고 있는 것이 아닐까?

한 가지 놀라운 사실이 있는데, 그것은 이른바 선진 과학기술 사회라고 하는 우리 사회에서, 미신을 믿는 정도와 학력 수준은 서로 정비례한다는(반비례가 아니다!) 것이다. 하지만 그렇다고 해서 학력 수준이 어떤 사람의 신앙을 전적으로 규정한다고는 말할 수 없다. 그러나 분명 신앙을 받아들이는 데 있어 학력 수준은 영향을 미친다. 즉 동일한 내용의 초자연 현상도 학력 수준에 따라 그 이해 정도가 달라질 수 있는 것이다.

방사선 탐색을 예로 들어보자. 의사과학의 상징이라 할 수 있는 탐색추를 어떤 사람은 카드 등의 보조물과 함께 점을 치거나 예언을 하는 데 사용할 수 있다. 반면 학력 수준이 좀 더 높은 사람은 이 탐색추를 이른바 '지리생물학'의 영역인 지하수를 찾는 일이나 자기(磁氣)의 변화를 탐지하는 일 따위에 사용할 수 있다.

過학 전공 학부생들에게 행한 설문조사

니스대학, 더그Deug* 과정, 1982-1983년

염력 현상 / 상대성 원리	정신력으로 수저 휘기	시간의 상대적 팽창
이것은 과학적으로 확실히 증명된 사실이라 할 수 있는가?	**68%**	18%
받아들일 수 있는 것, 수긍할 수 있는 것인가?	14%	18%
개연성이 거의 없는 것인가?	15%	7%
순전히 이론적 사변에 불과한가?	0%	**52%**
완전히 말도 안 되는 것인가?	3%	5%

H. Broch　　　　　　*Diplôme d'études universitaires générales, 즉 '대학 교양 과정'의 약자—옮긴이

신비술의 부상

볼테르와 콩도르세의 나라, 회의주의와 계몽주의의 나라인 프랑스에 지금 각종 미신들이 성행하고 있다. 몇 가지 자료들을 살펴보자.

위의 도표는 우리 동료 중의 한 명이 과학 전공 학부생들이 염력 현상과 상대성 원리에 대해 각각 어느 정도 신뢰하고 있는지 알아보기 위해 시행한 설문조사를 요약한 것이다.

염력 현상이란 물질에 가해지는 정신의 힘만으로 멀리 떨어져 있는 대상을 움직이게 하는 현상이다. 우리에게 잘 알려진 예로는

---

* 호주 출신의 초능력자로, 세계를 순회하며 염력으로 나이프 구부리기, 고장난 시계 고치기, 무의 씨를 싹트게 하기 등 여러 가지 시범을 보였다. 지난 1984년에는 한국에 방문하여 화제가 되기도 했다. 하지만 후에 그가 행한 거의 모든 초능력이 사기극이었다는 사실이 밝혀졌다. — 옮긴이

정신력만으로 쇠붙이를 휘게 하는 행위를 들 수 있다. 이 설문조사
가 행해졌던 시기에는 수저 구부리는 묘기를 보였던 유리 겔러•와
그에 관해 쏟아져 나온 각종 기사와 방송 프로그램 등으로 염력이
매우 인기가 높았다. 설문에 답한 열 명의 학생 가운데 일곱 명은 이
염력 현상을 과학적으로 증명된 것이라고 간주하며 이를 받아들였
다. 반면 두 학생 중 한 명은 상대성 이론의 대표적 예라 할 수 있는
시간의 상대적 팽창을 순전히 이론적인 사변에 불과하다고 보았다!

이것이 단지 한 대학 내 상황에 불과한 것일까? 이런 대답이 나
온 것은 지방적 특성, 또는 혼동을 일으킬수 있는 질문의 모호함 때
문이었을까? 일반 국민들을 대상으로 행해진 설문조사들이 확인시
켜주는 바에 의하면 불행히도 그렇지는 않다. 1986년 두 명의 사회

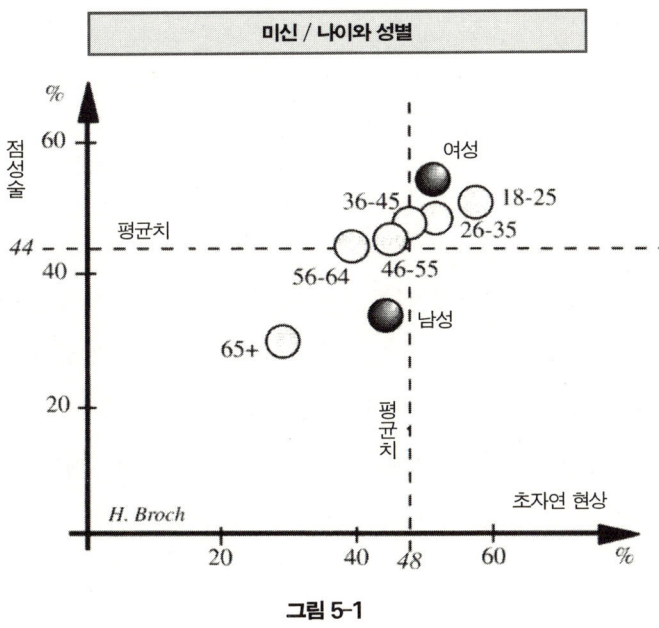

그림 5-1

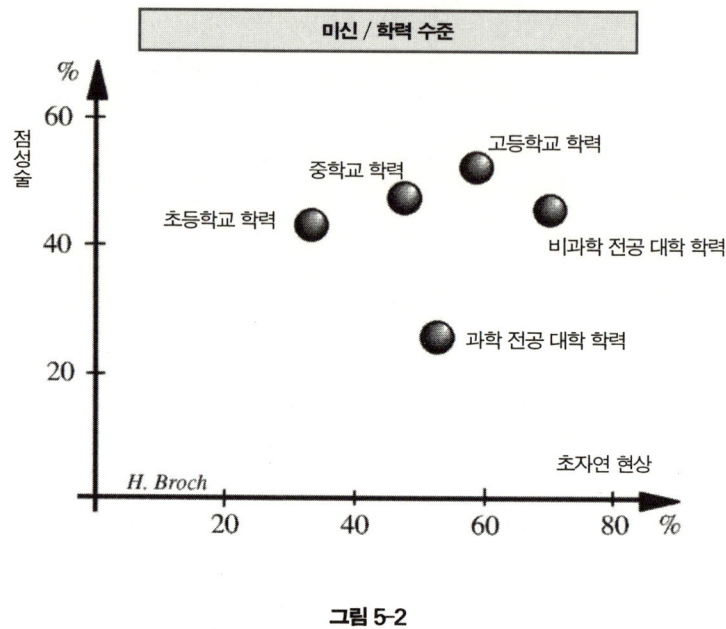

미신 / 학력 수준

점성술 %

60

고등학교 학력

중학교 학력

초등학교 학력

40

비과학 전공 대학 학력

과학 전공 대학 학력

20

H. Broch

초자연 현상

20   40   60   80   %

그림 5-2

학자에 의해 발표된 연구[51]를 근거로 작성한 다음의 그래프들은 프랑스 전체 국민을 대상으로 한 것이고, 현재 프랑스 내에 이러한 미신들이 얼마나 급속도로 확산되고 있는가를 잘 보여준다.

그림 5-1이 보여주는 것은, 어린 학생들일수록 적어도 과학적인 측면에 있어서는 보다 완전한 교육을 받았고, 또 받고 있을 것임에도 불구하고, 연령이 올라갈수록 미신에 대한 신앙의 정도가 반비례로 내려간다는 사실이다(두 개의 점선은 프랑스 전체 인구 중 미신을 믿는 사람들 수의 평균치이다. 초자연 현상은 48퍼센트, 그리고 점성술은 44퍼센트가 믿고 있다는 것을 알 수 있다).

이 그래프에서 확인할 수 있는 두 번째 사실, 그러나 이미 오래 전부터 알려져 있던 사실은, 점성술 영역에 있어서는 남녀간의 차이가 분명하다는 점이다.

그림 5-2가 보여주는 것은, 사람들의 선입견과는 달리, 초자연 현상에 대한 믿음의 정도는 학력 수준과 정비례한다는 사실이다. 여기서 약간의 예외가 있다면 그것은 과학 계열을 전공한 대졸자들이다. 하지만 이들 역시 초자연 현상에 대해서만은 평균 이상의 수용도를 보이고 있다!

그림 5-3이 보여주는 것은 미신에 대한 믿음과 직업 사이의 상관관계이다. 이 그래프가 보여주는 결과 역시 놀랍지 않을 수 없는데, 설문조사자들은 "초등학교 교사들은 축(軸)을 이루는 그룹이라 할 수 있다. 왜냐하면 이들은 점성술과 초자연 현상을 가장 많이 믿는 집단으로 규정되기 때문이다"라는 논평까지 하고 있다. 교수들은 점성술에 대해서는 비교적 '약한' 수용도를(그래도 30퍼센트에 가깝다!) 보이지만, 초자연 현상에 대해서는 평균 이상의 수용도를 보인다.

우리는 여기서 고통스러운 결론을 끌어낼 수밖에 없다. 그것은 교육계를 이끌어가는 주역들 전체가(초등학교 교사, 교수, 학생) 각종 미신들로부터 자유롭지 못하다는 사실이다. 한가지 흥미로운 사실은, 농업인들은 두 발을 땅 위에 굳건히 딛고 있어서 그런지, 눈에 띄게 낮은 미신 수용도를 보여주고 있다는 점이다.

1993년에 '과학적 사고, 시민, 그리고 의사과학'이라는 제목으로 개최되었던 학술회의에 제출된 자료는 앞의 그래프에 나타난 경향들이 그간 더 심화되었다는 사실을 보여준다. 프랑스인 2명 중

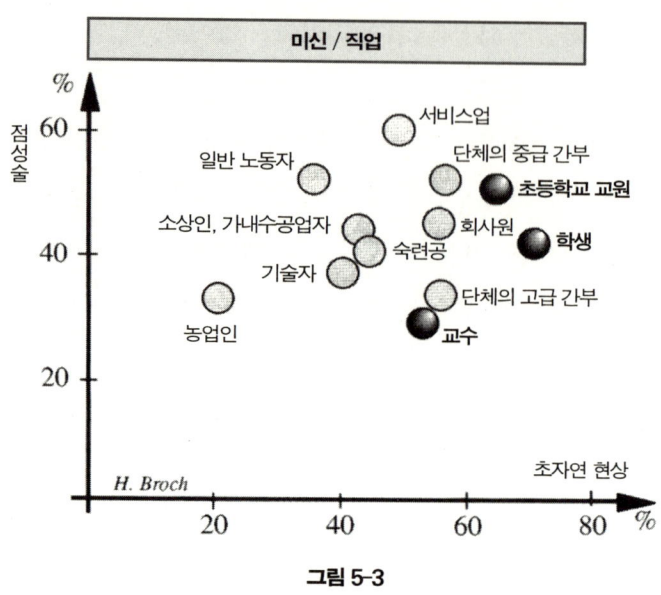

미신 / 직업

%
점성술
60 ─

서비스업

일반 노동자

단체의 중급 간부

초등학교 교원

소상인, 가내수공업자

회사원

학생

숙련공

40 ─

기술자

단체의 고급 간부

교수

농업인

20 ─

H. Broch

초자연 현상

20   40   60   80   %

그림 5-3

과학적 사고와 의사과학에 대한 프랑스 국민들의 태도 소프레스SOFRES, 과학의 도시Cité des Sciences 르 몽드, EDF 재단 공동 조사, 1993년			
아래의 항목들을 믿습니까?	예	아니오	의견 없음
동물자기술사들이 손을 대어 병을 치료할 수 있다	55%	40%	5%
생각을 다른 사람의 머리 속에 직접 전송할 수 있다	55%	42%	3%
별자리로 사람의 성격을 설명할 수 있다	46%	49%	5%
꿈이 미래를 예언할 수 있다	35%	62%	3%
점성술, 호로스코프 등으로 미래를 예측할 수 있다	29%	68%	3%
점쟁이들이 미래를 예측할 수 있다	24%	72%	4%
손금에 운명이 새겨져 있다	23%	72%	5%
저주, 사악한 마술들이 존재한다	19%	79%	2%
지구에 외계인이 방문했다	18%	77%	5%
회전 원탁 현상은 실제로 일어난다	16%	81%	3%
유령, 귀신 등이 존재한다	11%	87%	2%

H. Broch

1명 이상이 텔레파시를, 10명 중 1명이 유령의 존재를 믿는데, 이는 교육계에서 일하는 사람들도 예외가 아니다.

예를 들어 프랑스 국민 중 81퍼센트가 '과학의 발전이 인류의 진보를 가져온다'고 생각한다는 자료를 보면 안도의 한숨이 나오기도 하지만 우리가 느끼는 기쁨은 잠시일 뿐이다. 왜냐하면 이렇게 대답한 프랑스 국민 중 58퍼센트가 '점성술 역시 하나의 과학'이라 믿고 있기 때문이다. 이것은 우리 국민들이 의사과학이 무엇인지조차 잘 모르고 있다는 것을 의미한다.

2001년 2월, 우리는 이러한 현상이 심화되고 있다는 것을 보여주는 또 하나의 예를 얻을 수 있었다. 그것은 당시 툴루즈대학에서 물리학 교수자격시험을 준비하고 있던 니콜라 에르고트가 우리에게 보내준 이메일 덕분이었다. 『물리학자연합회보』 1999년호에서 교사들 사이에 만연해 있는 미신과 관련된 논문 한 편을 발견한 그는, 필요한 "통계 자료에 나름대로 자그마한(그러나 그가 알려준 사실은 얼마나 충격적인 것인가!) 기여"를 하고 싶다며 우리에게 연락을 주었던 것이다.

어느 날, 그는 물리학 교수자격시험 준비를 하고 있는 여덟 명의 동료들과 같이 식사를 하다가 초자연 현상을 믿느냐고 질문했다. 그때 그가 들은 대답은 너무나도 충격적인 것이어서, 그의 말에 의하면 그는 "이후 이 정신의 나약함과 투쟁하기 위해 자신의 남은 생을 바치겠노라"며 혼자 맹세까지 했다고 한다. 다음은 이 여덟 명의 물리학 교수자격시험 준비생들과 나눈 대화의 결과이다.

■ 이들 중 한 명은 정기적으로 동물자기술사를 방문했다. 그런

데 이 사실에 놀라는 사람은 그들 중 단 한 명밖에 없었다.

■ 세 명은 염력 현상을 믿었다.

■ 네 명은 어떤 현상들은 영원히 설명되지 못할 것이며, 또한 어떤 현상들은 '영혼'이나 '신' 같은 개념과 분리해서 생각될 수 없다고 믿었다.

■ 모든 사람이 예외 없이 텔레파시의 존재를 믿었다.

그는 "이 신심 깊은 사람들의 비위를 거스르지 않은 채 이런 현상들의 신뢰성에 관해 토론하는 것은 불가능했다"고 덧붙이고 있다.

미래의 물리학 교수들과 관련된 이 특정한 — 하지만 중요한 의미를 담고 있으며 결코 예외적이라고는 볼 수 없는 — 예는 새로운 밀레니엄이 시작된 이 시점에서 우리 사회의 미신에 대한 신앙이 어느 정도에까지 도달했는지를 잘 보여주고 있다. 이 얘기는 이런 문제에 별로 관심을 갖고 있지 않았던 사람들에게는 그저 좀 놀라운 일 정도로만 느껴질 것이다. 하지만 우리를 정말로 불안하게 하는 일들이 벌어지고 있다는 사실을 알아야 한다. 1994년부터 1995년까지 약 2년간 아카데미 드 몽펠리에 공립 중학교는 6학년 학생들을 별자리에 따라 4개 반으로 나눈 적이 있기 때문이다. 그런데 이는 버젓이 교육청의 승인을 받아 이루어진 일이었다!

우리가 앞에서 살펴본 그래프들은 모종의 경고 메시지를 담고 있다. 하지만 그림 5-3에서 특히 두 직업 범주의 위치가 아주 근접해 있는 경우, 이들 사이의 차이가 확실히 정해졌다고는 볼 수 없다. 여기서 테스트의 대상이 된 사람들의 수는 12개 직업군에 총 1천

500명으로 그다지 많은 수라 할 수 없으므로 각각의 결과치에는 어느 정도의 불확실성이 따른다. 따라서 각 직업군 주위로 통계적 불확실성에 해당하는 비율만큼의 직경을 가진 원을 그리면, 이 원들은 서로 겹칠 수도 있다. 이럴 경우 초등학교 교사와 단체의 중급 간부 범주, 교수와 단체의 상급 간부 범주 사이의 차이는 그다지 큰 의미를 갖지 못하게 된다. 이것은 당연한 일인데, 왜냐하면 이들은 매우 유사한 문화를 공유하고 있기 때문이다.

이들이 공유하고 있는 믿음들이 대부분의 경우 그렇게 뿌리깊은 것은 아닌지도 모른다. 이들은 단지 누구나 가질 수 있는 인간적인 나약함에 넘어간 것일 수도 있다. 예를 들어 이들이 텔레비전에 출연한 어떤 점잖은 인사가 "나는 기이한 현상을 목격했다"고 말하는 것을 들었다든지, 또 이러한 증언이 사회적으로 권위있는 인사들에 의해 승인되는 것을 보았다고 치자. 이런 장면을 목격할 때 우리는 "이 사람들이 나를 속이려드는군. 이 사람들은 다른 사람을 속이거나 혹은 자기 자신을 속이는 멍청이들에 불과해. 이 사람들에겐 아무런 비판 정신도 없거든"이라고 생각하는 게 옳다. 하지만 대부분의 경우, 사람들은 냉정하고 객관적인 자세를 취하지 못한다. 이런 속임수를 연출하여 직접 남을 속여보지 않는 한, 다른 사람의 말을 곧이 곧대로 믿는 인간의 순진함이 어느 정도로 강한 것인지 알기란 힘들기 때문이다.

특히 어떤 우연에 의해 발생하는 현상일 경우, 아무리 간단한 현상일지라도 그것을 냉정하게 분석할 수 있는 사람이 과연 몇이나 될까? 예를 들어 각 사람마다 1천분의 1의 확률로 일어날 수 있는 현상을 1만 명의 사람이 관찰한다면, 이 중에서 적어도 10명은 이 희귀한 현상을 목격할 수 있는 것이다.

이렇듯 개연성이 희박한 현상들을 목격함으로써 생겨나는 그릇된 믿음들의 예는 너무도 많다. 때문에 일테면 어떤 약품이 환자에게 일으키는 효과를 해석하는 일을 하는 사람들은 우연 혹은 상상에 의해 부풀려진 관찰들이 객관적인 해석을 왜곡시키지 않도록 특별한 주의를 기울이고 있는 것이다.

박식한 물리학자들조차 잘못된 결과를 발표하곤 하는데, 그것은 이들이 불확실한 이론들을 유효한 것으로 인정하거나, 근거 없는 직관을 증명해주는 듯 보이는 우연한 사건들에 속았기 때문이다.

역설적 상황

이렇듯 그릇된 신앙은 날로 팽창일로에 있다. 그런데 역설적인 것은 이 신앙의 근거를 이루고 있는 현상들 그 자체는 수에 있어서나, 강도에 있어서 전혀 증가하지 않고 있다는 사실이다. 오히려 이러한 현상들의 발생 횟수는 마치 '상어 가죽●'처럼 줄어들고 있다.

신비한 현상들의 수는 감소하고 있다. 정원에 출현하는 요정, 공중부양하는 티베트의 라마승, 심령체,●● 유령과 빗자루를 탄 마녀

● 발자크의 소설 「상어 가죽La Peau de chagrin」에 나오는 마술 가죽으로, 그것을 소유한 사람의 모든 욕망을 이루어주나, 소망이 이루어질 때마다 크기가 조금씩 줄어든다.─ 옮긴이
●● 심령체(心靈體)란 영매(靈媒)의 몸으로부터 나온다는 가시(可視)적인 발산물을 뜻한다. ─ 옮긴이

같은 것들은 점점 더 드문 현상이 되어가고 있다. 그리고 현상들의 강도 역시 감소하고 있다. 우리는 이러한 감소 현상을 모든 '초자연 현상' 일반에 적용할 수도 있을 것이다. 그러나 간단히, 니스대학 학생들에게 행한 설문조사와, 물리학 교수자격시험 준비생이 행한 미니 설문조사 때 언급되었던 염력 현상만을 예로 들어보자.

우선 역사적으로 염력 현상이 얼마나 다양한 형태로 나타났는지 검토해보자. 사람들은 지금으로부터 수세기 전, '마나 mana•'라는 것이 이스트 섬에 있는 수 톤에 달하는 거대한 석상(石像)들을 옮겨 놓았다고 믿는다. 1850년대에 사람들은 이 동일한 힘이 이번에는 수백 킬로그램의 무거운 원탁들을 돌리거나 움직일 수 있다고 주장 했다. 이로부터 수십 년이 지난 후, 이 힘은 집안에 나타나 소동을 일으키는 유령 같은 형태로 환생하였다. 그런데 이 소란스런 장난꾸러기 유령은 이번에는 1킬로그램 정도에 불과한 냄비나 부엌 집기 나부랭이를 움직이게 하는 것이 고작이었다. 1970년대가 되자, 이 힘이 움직일 수 있는 대상은 체스 말 같은 조그만 물체로 다시 축소되었다. 그리고 오늘날에 이르러서는, 이 동일한 힘이 몇몇 심령술 사로 하여금 고작 1그램이나 될까말까한 조그만 종이 조각 같은 것을 움찔거리게 하고 있는 것이다! 이처럼 염력 현상은 그것에 대한 보다 정확한 측정 수단들이 나옴에 따라, 그리고 세월이 흐름에 따라 약 백만분의 일의 비율로 줄어들었다.

사실 이 측정 수단들은 그리 정교하지 않아도 상관 없었다. 예를

• 원시 종교에서 신봉되는 초자연적인 힘 — 옮긴이

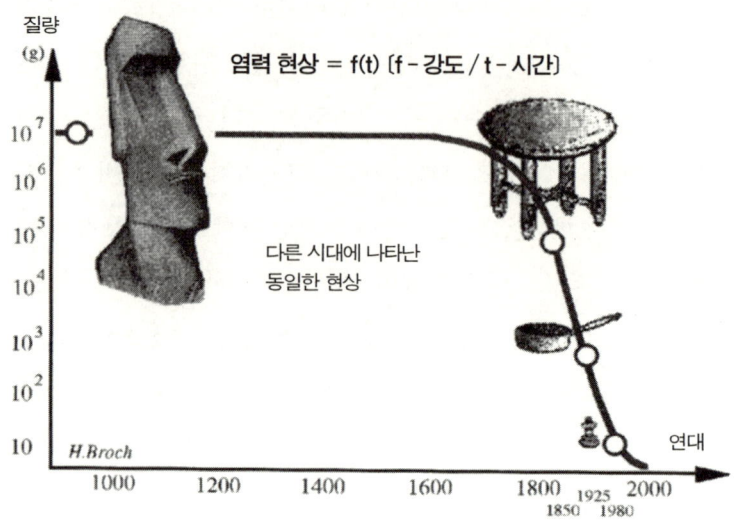

질량 (g)

염력 현상 = f(t) (f - 강도 / t - 시간)

10^7
10^6
10^5
10^4
10^3
10^2
10

다른 시대에 나타난
동일한 현상

H.Broch

연대

1000 1200 1400 1600 1800 2000
1925
1850 1980

들어 빛이 약했을 때에는 회전 원탁이나 다른 작은 탁자들 주위에 그토록 쉽게 출몰하던 그 강력한 귀신들이, 어둠 속에서도 물체를 감지할 수 있는 적외선 사진 기술이 개발되자 갑자기 그 힘을 잃어버렸다(아마도 귀신들은 눈이 너무 예민해 환한 빛 속에서는 출현할 수 없는 모양이다).

그러므로 우리는 지금 역설적인 상황에 처해 있는 셈이다. 즉 (광범위한 의미에 있어서의) '초자연 현상'에 대한 믿음이 이른바 고학력 계층 사이에 확산되고 있는 반면, 이 현상들의 수와 강도는 극단적으로 감소하고 있는 것이다.

이 역설의 주요한 원인들은 다음과 같다. 우선 이구동성으로 떠들어대는 전자 미디어들 때문이다. 초자연 현상은 '전자' 미디어(라디오, 텔레비전, 인터넷……)라는 증폭기로부터 역사상 유례가 없는 강력한 도움과 지원을 받고 있다. 20세기 초엽에는 특정 귀신이 마을 근방에서나 이름을 떨칠 수 있었다. 하지만 지금은 어떤가? 벨기에의 조그만 마을에 무심코 출현한 유령이 조금만 장난을 쳐도, CNN은 이 현상을 곧장 전 세계적인 화제로 만들어버리는 것이다.

두 번째는 미디어가 자행하는 거짓말과 본분을 망각한 행동 들때문이다. 지금의 미디어는 애초에 자신들이 희망했던 프로메테우스가 결코 아니다(물론 섣부른 일반화는 위험하다. 여기서 우리가 말하는 미디어의 정확한 의미는 '그것의 실질적인 내용을 이루는 제작자들, 기자들을 통해 나타난 몇몇 미디어들'이라 할 수 있다). 이 미디어들은 독자, 시청자, 청취자 들에게 이들이 기대하는 것을 주지 않는다. 이 미디어들은 시청자들의 요구에 대한 번역자, 중개자의 역할을 하지 않는다. 오히려 그들은 스스로 어떤 수요를 창출하며, 그리고 나서는 다만 어떤 수요에 부응하고 있는 척한다. 그들은 결코 중립적이지 않다. 그들은 오히려 사이비 종교로의 귀환 욕구를 자극하는 현상들을 부추기고 있다.

마지막으로 중간 전달 역할을 하고 있는 교육계의 책임 역시 크다. 우리의 막연한 생각과는 달리, 앞의 그래프들을 통해서도 알 수 있듯, 교육계는 결코 각종 미신에 대한 면역력을 갖고 있지 않다. 오히려 작금의 교육계는 의사과학 같은 허섭스레기들을 학생들에게 전달하는 역할을 하고 있다. 이런 슬픈 사실을 확인시켜주는 예는 어렵지 않게 찾아볼 수 있다. 포도주를 숙성시키는 기능이 있다는 케옵스의 피라미드를 교원 조합에서 판매하고 있는 일에서부터, 방사선 탐색술이나 점성술 같은 것의 효능에 대해 떠들고 있는 교사

이성과 감각

초자연 현상에 대한 믿음이 아직도 남아 있는, 아니 오히려 증가하고 있는 현실과 초자연 현상들이 발생 빈도수나 강도에 있어서 감소하고 있는 사실 사이의 모순에 대해 보충 설명을 하자면, 이는 우리 시대가 지식 획득 과정에 있어서 큰 변화를 맞이했기 때문이다. 지금 일어나고 있는 정보의 확산 현상을 특징짓는 것은(단지 이것만이라고는 할 수 없지만, 가장 본질적이라고 할 수 있는 것은) 문자에 의한 상징적 이미지의 쇠퇴, 그리고 시각적이고 감각적인 이미지의 범람이라 할 수 있다.

커뮤니케이션 수단으로서의 글은 세밀하고, 구축적이고, 비판적이고, 상당 기간 동안 활용 가능한 분석을 가능케 한다. 반면 현재의 미디어는 순간적인 이미지와 이 이미지가 야기하는 자극에 점점 더 큰 가치를 부여하고 있다. 이처럼 '문자 상징(글) + 치밀한 분석'의 쌍이 '시각 이미지 + 즉각적인 감각'의 쌍으로 대체되는 현상이 초래하는 결과는 무엇인가? 그것은 바로 음험하고도 점진적인 방식을 통해 이성이 감각으로 대체되는 것이다.

과학과 민주주의

과학은 현대 문화의 중심에 자리잡고 있다. 모든 과학자는 동시에 그가 살고 있는 사회의 시민이며, 따라서 그는 각종 의사과학이 초래하는 문제점들을 부각시킬 의무가 있다. 진정한 과학자라면 초자연 현상에 대한 신앙은 자신의 운명을 찾고자 노력하는 인간의 자유의지에 장애물이 된다는 사실을 분명히 보여주어야 한다.

자유의지가 없는 인간-오브제의 운명, 과연 그것이 점성술사들이 다루는 행성과 별 들로 이루어진 알쏭달쏭한 그림들 속에 적혀 있단 말인가? 과연 스스로 진화할 능력이 없는 인간-유인원들을 교육하기 위하여, 외계인들이 지구에 왔던 것일까? 과연 우리는 인간을 초월하는 어떤 힘의 하수인들인 이 심령술사들을 우리의 안내자로 삼아야만 하는가?

대부분의 점성술사, 초고대 숭배자, 그리고 초심리학자 들은 이런 질문들에 '그렇다'고 답한다. 그들이 제안하고 있는 것들은 사실 안이한 태도, 우리를 둘러싼 우주를 이해하려는 노력의 포기에 불과하다. 이들은 개인을 탈인격화하는 신흥 종교적 테크닉을 보여주는데, 이는 분명히 인간 비하의 경향을 띤다. 이들은 '힘'이라는 것은 어떤 특정한 개인(구세주, 선택된 자, 천재 등)에 의해서만 집중될수 있으며 나머지 사람들은 앉아서 이들의 능력에 감탄만 하는 무기력한 무리에 지나지 않는다고 한다. 또한 자기 자신도 이 힘이나 능력을 스스로 만들어내지는 못하며, 단지 '영매(靈媒)', 즉 영적 중

개자에 불과하다고 주장한다.

이런 식으로 지식의 신비화가 이루어짐으로써, 우리의 이해 범위(즉 통제 범위)를 벗어나는 왜곡된 세계 개념이 활개를 치게 된다. 이런 비교(秘敎)적인 사고는 자연히 세계의 차별화를(즉 힘과 능력을 가진 자들은 위에서 군림하며, 까마득히 아래에 위치한 사람들은 그저 놀라고, 경탄하고, 이해도 못한 채 맹목적으로 추종하기만 하는 세계를) 초래하고, 결국엔 무기력한 순응주의와 각 개인들의 책임 회피 현상을 확산시킨다.

진정한 민주주의 사회의 필연적 전제 조건은 생각할 줄 아는 시민의 육성이다. 따라서 과학적, 비판적 정신이 실종되고 어리석은 믿음들이 횡행하는 작금의 현실은 우리가 생각하는 것보다 훨씬 더 심각하다. 우리에겐 분명 꿈꿀 권리가 있다. 그러나 이 권리는 냉철함이 수반될 때 진정한 가치를 지닐 수 있다는 사실을 절대로 잊지 말자.

세 번째 밀레니엄의 시작

미신으로 인해 좀먹는 세계

풍요로워졌는가? 임신했는가? 어떤 이들은, 과학이 인간을 동물과 구별시키는 기존의 속성들 외에 지식이라는 새로운 보물을 선사함으로써 인류를 풍요롭게 만들었다고 생각한다. 그렇지만 또 어떤 이들은, 과학이 인류를 임신시켰다고 말한다. 인류의 순진함을 틈타 훗날 괴물의 모습으로 튀어나올지 모를 미지의 씨앗을 인류에게 임신시켰다는 것이다.

식용 닭의 사육 분야에서 놀라운 효과를 거둔 바 있는 기술에 의해 대량 생산된 클론들, 그리고 어렸을 때부터 교주의 명령이라면 기꺼이 자살할 수도 있다고 세뇌받으며 자라난 클론들이 이 지구를 뒤덮게 될 상상을 하면, 정말 아찔하지 않은가?

인류는 과학의 발전으로 인해 현기증 날 정도로 빨라지고 있는 스스로의 진화 속도에 대처해야 한다. 하지만 인류는 경제적, 정치적, 문화적, 심지어는 물리적 환경까지 위협하고 있는 심각한 혼란들에 대처하는 데 있어 무력감을 보이고 있다. 그것은 실제적인, 혹은 상상의 위협들을 측정하고 통제하는 데 필요한 과학적 사고가, 우리가 까마득한 옛날부터 빠져 있던 습관, 신앙, 미신 들로 인해 훼손되고 있기 때문이다.

우리는 이러한 과학 문맹 상태를 퇴치할 수 있는 길은 바로 교육에 있다고 생각한다. 우리가 이 책을 쓴 이유는, 현재 전 지구상에 널리 펴져 있는 미신들을 간략히 살펴봄으로써 나름대로 자그마한 기여를 하기 위해서였다. 우리는 자신이 얼마나 순진하게 남의 말을 잘 믿는 사람인가를 깨닫게 해주는 일련의 사례들을 통해 독자들의 비판정신을 일깨워주고 싶었다.

우리는 지금 우리가 아이들에게 물려주고 있는 행동 방식들로 인해 훗날 그들에게 심각한 문제들이 닥칠 것을 염려한다. 이 행동 방식들에는 국가간의 관계에서 보이는 무자비함, 그리고 환경에 대한 무관심 등이 포함된다.

그 영향력이 급속도로 증가하고 있는 과학은 우리가 살고 있는 지구 자체를 변화시킬 수 있을 정도에 이르렀다. 더 나아가서는 생명의 탄생과 풍요로운 진화를 가능케 했던 요인들간의 절묘한, 그러나 지극히 깨지기 쉬운 균형을 무너뜨릴 수도 있다. 지금까지 우리는 최신 기술의 산물을 마음껏 소비하며, 우리의 알량한 둥지 속에서 기껏해야 우리 건강의 주요 위협이 되고 있는 비만증과 힘겹게 싸우는 일로 소일하며 살아왔다. 그러나 더 이상 이런 삶에 만족하며 살 수만은 없는 때가 온 것이다. 계속 이렇게 살아간다고 할 때, 우리를 기다리고 있는 것은 엄청난 재난, 형언하기 힘든 비참뿐이다.

우리는 과학적 사고야말로 지혜와 명철함과 사랑에 대한 필수불가결한 영양분이라고 믿는다. 그런데 지금 이 과학적 사고가 집요한 장애물과 맞딱뜨리고 있으니, 그것은 바로 무지, 공포, 그리고 미신들에 근원을 두고 있는 몽매주의의 부상(浮上)이다.

모두가 동등한 가치를 지닐 수는 없다

최고의 공공 서비스 기관이라고 일컬어지는 프랑스 우체국, '전진하고 있는 미래'라는 캐치프레이즈를 내건 우체국.[52] 이 우체국에서 발행한 2000년도 달력이 우리에게 보여준 것이 무엇이었는지 기억하는가? 다름 아닌 점성술사 엘리자베스 테시에의 예언들이었다! 두 페이지 전면에 걸친 화려한 그림들, 그리고 "2000년 당신의 운세는 어떨까요?"라는 커다란 제목과 함께, 우리의 점쟁이 여사의 예언이 프랑스 우체부들에 의해 방방곡곡에 수백만 부 이상 배달되었던 것이다. 심지어는 "더 자세히 알고 싶은 분들을 위해" 테시에 부인의 인터넷 홈페이지와 각 지역의 전화 서비스 센터까지 소개된 채……

그런데 이 달력은 역시 두 페이지에 걸쳐 "내일, 21세기"라는 제목으로 인공지능 로봇, 감정을 가진 로봇, 단 한 장의 시디(CD)에 압축된 도서관, 스스로 수리하는 자동 인형, 미래의 컴퓨터들과 기후학, 미래의 자동차, 운송 수단, 21세기의 에너지, 비디오 캡쳐기, 산소 휘발유, 그리고 스마트 고속도로 등을 소개하고 있다. 그러면서 우체국 역시 소개하고 있는데, 우체국이 결코 앞의 고속도로만큼 스마트한 것 같지는 않다. 전 국민을 바보로 만드는 데 기여하고 있는 것이 바로 이 우체국이니 말이다.

도덕적으로 모든 것이 허용되고, 모든 것이 합법적이며, 모든 의견이 동등한 가치를 갖는다는 이른바 '포스트모더니즘'적 사고는 바로 이러한 비이성적 사고를 조장하고 있으며, 과학조차 감염시키고 있다. 그러나 결코 모든 의견이 동등한 가치를 지닐 수는 없다. 예를 들어, 만일 우리가 오늘 아침 이 책을 손에 들고 있다가 손바닥을 펼치니 책이 땅바닥으로 떨어졌다고 말한다면, 당신은 그냥 그대로 이를 믿을 것이다. 그러나 만일 우리가 책을 놓으니 중력의 법칙을 거스르며 책이 공중으로 둥둥 떠올랐다고 말한다면, 당신은 우리에게 확실한 증거를 요구해야 마땅하다(요구할 수 있는 것이 아니라, 해야 한다). 무언가 새로운 것을 주장하는 사람에게는 언제나 증거를 제시해야 할 책임이 따른다. 그리고 주장하는 내용이 이미 증명된 법칙들의 범위를 더 많이 벗어날수록, 이를 뒷받침하기 위한 증거들은 더 견고한 것이어야 한다.

바로 이 때문에 모든 의견이 다 동등한 가치를 지닐 수는 없는 것이다. 또한 바로 이 때문에 '사랑방에서 오가는 한담'은 '실험에 의한 가설'이 결코 아니며, 바로 이 때문에 '과학적'이라는 형용사는 아무 주장에나 갖다 붙일 수 있는 게 아닌 것이다. 설사 그 주장을 한 사람이 스스로 과학적이라 주장하고, 또 이와 관련된 그럴듯한 배경들을 열거한다 해도 말이다.

과학자와 방송인은 연대하라

우리의 목적은 비이성의 퇴치가 아니다. 다만 우리는 사람들이 어떤 정보를 얻게 될 때, 최소한 그 정보의 양면을 볼 수 있도록 하자는 것뿐이다. 미신이라는 것도 만일 스스로가 과학적으로 타당하다 주장하지 않는다면, 아무도 시비걸지 않을 것이다. 새 밀레니엄이 시작된 이 시점에서, 이성을 위한 투쟁은 새로운 국면으로 접어들고 있다. 그리고 여기서 미디어의 역할은 아주 중요하다.

다행스러운 것은 존경받아 마땅한 방송인들도 적잖게 존재한다는 사실이다. 과학, 예술, 철학 분야를 텔레비전 프로그램으로 재구성하여 우리를 즐겁게 만들고 감동시키는 방송이 그 얼마나 많은가! 또 무게있는 권위자들 — 비록 그들의 의견이 대립된다 할지라도 — 사이에 벌어지는 대담 프로그램, 시청자란 고작 자기가 이미 알고 있는 것만을 수용할 수 있는 그런 존재라는 인상을 주지 않는 대담 프로그램을 시청할 때면, 우리는 그 얼마나 큰 즐거움을 느끼는가!

기계의 기역자도 모르는 사람에게 신형 자동차 모터에 대한 의견을 묻는다든지, 돌팔이 의사에게 희귀한 유전병에 대한 의견을 묻는 것은 참 엉뚱한 일이다. 하지만 과학의 영역에서는 모든 것이 허용되는 모양이다. 자녀들에게 물이 비등하는 기본적인 현상도 제대로 설명해주지 못하는 사람이 텔레비전에 출연해 헤이그의 공장 굴뚝에서 뿜어져 나오는 방사성 크립톤의 영향에 대해 확신에 찬 주장들을 늘어놓고 있으니 말이다! 물론 몇몇 집단이 모든 것을 좌우하는 지적 독재는 피해야 한다. 그리고 때로는 치열한 토론도 필요하다. 하지만 이런 토론들이, 천연적으로 약간의 방사능을 포함하고 있는 모래들이 조류에 밀려 그로-뒤-루아의 해수욕장에 쌓이는 현상이 미디어의 집중 조명을 받아야 한다고 믿는 무지한 사람들에 의해 주도된다면 그건 문제가 심각하다. 우리는 이런 엄청난 거짓말들이 유포되고 있을 때, 예를 들어 '과학학술원' 같은 단체들이 이에 대해 마땅히 이의를 제기해야 한다고 생각한다.

아울러 미디어 관련 일을 하는 사람들은 자신의 위치가 갖는 의미와 중립성이나 책임감 같은 개념에 대해 심각하게 생각해보아야 할 것이다. 사실 대부분의 미디어 관련 종사자들은, 판단은 시청자의 몫이라는 핑계를 대며 중립성 뒤에 몸을 숨긴다. 그 대신 신빙성 없는 르포르타주나 '확인되지 않은' 정보들을 가감 없이 보여주는 것을 선호하는 매우 좋지 못한 성향을 갖고 있다. 그러나 비록 비판적인 정신을 가졌다 할지라도 충분히 객관적인 방식으로 정보를 제공받지 못하면, 사고는 헛되이 공전(空轉)할 수밖에 없다는 사실을 이들은 잊고 있다(아니, 잊은 척하고 있다). 이 신흥 종교의 대사제들이 가장 두려워하는 것은 시청률 하락이며, 바로 이 때문에 '중립성'을 떠받드는 잘못을 저지르게 된다. 이럴 때 중립성과 비겁함 사이의 거리는 없어진다.

현실이 지나치게 가상 현실적으로 되어가는 현 상황에서는 반드시 변화가 필요하다. 대다수의 사람들이 티미소아라Timisoara•의 처참한 '살육장' 이미지들을 잊지 못하고 있다. 그런데 이 이미지들이 결국 '현실'의 연출에 불과했다는 사실을 알고 많은 지식인들이 충격을 받았다. 하지만 이 지식인들이 초자연 현상과 관련된 텔레비전 프로그램들이 똑같이 부끄러운 조작, 거짓을 현실로 여기게 만드는 연출을 자행하고 있는 데에는 전혀 무감각하다. 도대체 언론인들의 본분은 어디로 갔단 말인가?

미디어는 의사과학의 유독한 바이러스들을 전달하기도 하지만, 동시에 이들의 감염 위협에 대한 최상의 투쟁 수단이 될 수도 있다. 미디어는 이러한 자신의 양면성, 그리고 그에 따르는 의무들을 직시해야 한다. 아직 모든 희망이 사라진 것은 아니다. 사실 미디어는 때때로 우리의 사고를 자극하는 흥미로운 정보를 제공하기도 한다. 일전에 우리는 영국에서 '과학 주간(週間)' 행사의 일환으로 행해진 너무나 흥미롭고 기막힌 어떤 실험에 관한 소식을 들은 바 있다.[53] 그것은 주가(株價)를 예측하는 실험이었는데, 여기서 네 살 먹은 여자 아이가 경제전문가와 점성술사를 눌렀다는 것이다!

•루마니아의 주요 도시 중의 하나. 독재자 차우세스쿠에 대한 소요가 일어나 독재 정권 전복 사태의 시발점이 되었던 곳 — 옮긴이

아직 늦지 않았다

자신들이 사용했던 속임수를 나중에 가서 고백하는 심령술사들이 가끔 있다. 공중에 날개 돋힌 요정이 날아다니는 것을 보고, 그것을 카메라로 촬영까지 했다고 주장한 두 어린 소녀가 있었는데(열 살 먹은 프랜시스 그리피스와 열여섯 살 먹은 엘시 라이트), 이들은 각각 76세와 82세가 되어서 이것이 조작극이었음을 고백했다.

1847년 경, 미국 뉴욕주의 하이즈빌에 심령학 운동을 일으킨 바 있는 마거릿 폭스 케인은 40년 후인 1888년, 자신이 행해온 모든 것은 '사기와 위선과 환상'에 불과했다고 고백했다.[54]

초심리학자들의 귀에는 상당히 거슬리는 말이겠지만, 초심리학이 내놓는 결과들은 대부분 사기극이다.* 역사상 가장 유명한 초심리학 연구센터 소장이었으며, 노스캐롤라이나주, 더햄시의 뱅크스 라인의 후계자이기도 한 월터 J. 레비조차 현장에서 사기 행위가 들통이 났다. 그럼에도 불구하고 이들의 저작은 아직도 '초심리학적 능력들'의 존재를 '의심의 여지없이 증명한' 과학적 연구들로서 버젓이 인용되고 있는 실정이다!

---

* 미국 라인Rhine 연구소가 개발하고 판매했던 그 유명한 제너 카드(네모, 원, 십자, 별, 그리고 3개의 파도선 무늬가 있는 카드)를 예로 들 수 있다. 60년이 넘는 세월 동안 이 연구소의 초심리학자들이 상당히 다듬었을 텐데도, 카드의 뒷면은 아직까지도 서로 모양이 완전히 동일하지 않다. 이런 카드를 가지고 뒷면을 보고 앞의 내용을 알아맞추기는 누워서 떡 먹기이며, 이렇게 하여 그들은 투시력, 혹은 초감각적 지각 능력에 호소하지 않고도 그들에게 유리한 통계치를 뽑아낼 수 있는 것이다!

농락당한 군대

　　과거 냉전 시대에, 미군은 지도를 펼쳐놓고 그 위로 탐색봉을 이리저리 움직이면서 소련 잠수함의 위치를 탐지해낼 수 있다고 주장한 '막대기 점 예술가들'에게 큰 관심을 갖고 있었다. 첩보부를 통해 이 소식을 입수한 소련 군부는 사태 해결을 위해 레오니드 플리우크치 같은 우크라이나 학자들에게 이 문제의 검토를 의뢰했다. 이 학자가 자신의 경험담을 적은 다음의 글을 읽어보면, 당시 소련 군지도부의 수준이 얼마나 형편없었는가를, 그리고 이후 소련이 왜 몰락할 수밖에 없었는가를 이해하게 된다.

　　텔레파시 현상을 다룬 책들을 파고들수록, 초자연 현상들에 대한 나의 관심은 더욱 커져만 갔다. 나는 동료들과 함께 어느 대학 심리학과 학과장을 찾아가, 그에게 텔레파시에 관한 토론 클럽을 만들자고 제의했다. 〔……〕 나는 당시 우리 클럽에 다양한 전공의 학생들을 끌어들이기 위해, 여러 학술 연구소들에서 텔레파시에 대한 보고서를 낭독할 계획을 갖고 있었다. 그리고 같은 시기에 이 주제와 관련된 기사들이 소련 언론에 게재되었다. 이 기사들을 통해 나는 베크테레프의 협력자이며, 1920년대부터 1930년대까지 베크테레프, 두로프와 함께 텔레파시 실험을 한 적이 있는 B. B. 카진스키라는 사람이 모스크바에 살고 있다는 사실을 알게 되었다. 나는 그에게 편지를 보냈고, 그를 만나러 모스크바로 갔다. 그는 나를 아주 반갑게 맞아주었다. 그는 자신이 전쟁 전 이 분야에서 시작한 과업의 햇불을 이어받을 후계자가 바로 나라고 생각했다.

카진스키, 그의 아내, 나우모프라는 이름의 젊은 의사, 그리고 나, 이렇게 네 사람이 테이블에 앉아 있었다. 저녁식사 시간에 나우모프는 텔레파시 실험을 하나 해보겠다고 제의했다. 사실인즉 그는 적당한 시간에 자신의 발을 눌러 신호를 해달라고 나에게 이미 은밀히 부탁했고, 나는 이에 동의했던 것이다. 이 조작된 실험이 이루어지고 있을 때, 카진스키는 속임수를 찾아내려고 애썼다. 그러나 결국 우리는 그를 완전히 속이고, 그로 하여금 진짜 텔레파시 현상을 보았다는 확신을 갖게 하는 데 성공했다. 나는 그런 그를 보면서 속으로 무척이나 부끄러웠다. 하지만 이렇게 만들어진 거짓 상황을 폭로할 용기가 나지 않았다.

카진스키에 대한 나의 관심은 곧 사라져버렸다. 그러나 이 사건을 통해 나는 초심리학의 영역에 있어서, 이후 나를 항상 인도해온 하나의 원칙을 얻게 되었다. 모든 실험에서 초심리학자는 남을 속이거나, 혹은 자기 자신을 속이는 것을 필연적으로 전제해야 하며, 따라서 이런 속임수가 가능하지 않게끔 실험을 준비해야 한다.[55]

이런 종류의 조작극은 생각보다 훨씬 빈번히 일어난다. 초자연 현상들과 관련된 수많은 모임에 참석한 경험이 있는 우리 동료 중한 명은 일단 한번 거짓된 상황이 만들어지고 나면, 거기에서 진실을 밝히는 것은 거의 불가능하다고 말한다. 왜냐하면 어떤 초심리학적 현상이 존재한다는 믿음은, 그것을 치워버리면 짚고 있는 사람이 쓰러져버리는 목발과도 같이, 관련된 당사자에게는 너무도 중요한 것이 되어버리기 때문이다.

지구의 운명을 좌우할 선택

지구 위 인간들의 존재가 필연적으로 야기하고 있는 결과들에 대처하기 위해, 지금 우리 사회는 중대한 결정을 내려야 한다. 그리고 이 선택은 최대한 이성적이어야 한다. 물론 이성도 가끔 오류를 범하긴 하지만, 무지나 미신에 의한 오류보다는 그 수가 훨씬 적다.

원자력 에너지가 한 예이다. 우리는 이 주제에 특별히 한 장을 할애하여 에너지 자원과 관련해 제기되는 실제적인 문제를 살펴본 바 있다. 그것은 다름아닌 방사성 폐기물 관리의 문제인데, 이에 대해서는 진지한 논의가 필요할 것이다. 그런데 어떤 이들은 사람들의 공포심이나 무지를 이용하는 한편, 화염병을 동원해 방사성 폐기물 반대 운동을 펼치기도 한다. 이로 인해 방사성 폐기물 운반 비용은 천정부지로 치솟았다. 또 정치인들은, 자신들의 행위가 실은 방사능 폐기물 그 자체보다 더 위험할 수도 있다는 사실은 무시해버리는 격렬한 소수파들의 시위를 악용하기도 한다.

원자력 에너지 문제만큼이나 중요한 문제가 또 하나 있는데, 그것은 배고픔의 문제, 즉 금세기에 태어날 수십억 인구를 위협하게 될 기아의 문제이다. 이 문제의 해결책은 농업 자원 활용의 극대화에 있다.

종자 개량을 위시한 농업 기술의 발전으로 말미암아 획기적인 진보가 이루어진 것은 이미 오래 전의 일이다. 그리고 이렇게 시작된 진보는 멈춰질 수도, 또 결코 멈춰져서도 안 된다. 지금 인간과

자연, 국가와 국가, 그리고 농업 식량 회사들 사이에 일종의 전쟁이 시작되었다는 것 역시 분명한 사실이다.

미국, 캐나다, 아르헨티나, 중국, 그리고 인도는 얼마 전 유전자 변형 작물의 재배를 허용했다. 이렇게 전 세계 약 9백만 헥타르에 달하는 땅에 목화, 쌀, 밀, 감자, 콩, 배추 등 각종 작물이 재배되고 있다. 반면 프랑스의 상황은 어떠한가? 대학연구소들의 오랜 연구 끝에 탄생한 과일이나 식물들을 찾아내 마구 뽑아내버리는 특공대들이 자신들의 그런 행위가 무슨 무훈이라도 되는 양 자랑하고 다니는 곳이 바로 프랑스이다. 이 같은 행동이 초래하는 결과는 무엇일까? 원하든 원하지 않든 간에 그들은 미국의 지배를 위해 일하고 있는 셈이다. 프랑스인들은 진보의 결과, 아니 혁명의 결과에 대해 심각한 두려움을 느끼고 있다. 이 때문에 그들은 오로지 정치 권력의 획득만을 염두에 두고 있는 몽매한 지도자들의 꾀임에 너무도 쉽사리 넘어가곤 한다.

과학적 투명함은 물론 필요하다. 하지만 이 투명함은 정치 지도자, 미디어, 그리고 로비스트 들이 협력하여 정말 터무니없는 말까지도 곧이 곧대로 믿게끔 훈련시켜놓은 대중들에게는 아무런 효과가 없다. 우리는 이 책의 서두에서 지난 수십만 년 동안 크게 변화하지 않은, 그럼에도 엄청난 과학적 성취들을 이루어낸, 우리의 선조 혈거인들에게서 물려받은 유전적 자산에 관해 언급한 바 있다. 우리는 이 유전자에 포함된 자유의지의 능력, 즉 타인 그리고 세계와 맺는 관계를 자유롭게 선택할 수 있는 능력에 대해 찬사를 보냈다. 그러나 이제 책의 말미에 이르러 우리는 다음과 같은 사실을 덧붙이지 않을 수 없다. 이 자유의지라는 것도 결국은 사회가 형성하는 조건들에 의해 한계지어진다는 사실을…… 이 책의 저자들 중 한 명이(조르주 샤르파크) 바로 그런 경험을 한 적이 있다.

친구들끼리 저녁 식사를 하는 중에, 젊은 손님 하나가 주인에게 테스트를 제의했다. 그는 정신을 집중하라고 말한 다음, 천천히 대여섯 개의 초보적인 속셈 문제들을 냈다. 예를 들어 "7 더하기 6은 얼마죠?" 하는 식으로 말이다. 그러다가 갑자기 도구 이름 하나와 색깔 이름 하나를 대보라고 불쑥 질문했다. 주인은 시키는 대로 했고, 그 결과 그의 대답이 이미 컴퓨터 안에 기록되어 있는 것을 보고 깜짝 놀랐다. 약 15분쯤 지난 후 나에게 마찬가지의 테스트를 했고, 나는 똑같은 도구와 색깔 이름을 말했다. 그리고 잠시 후 멋모르고 그곳에들른 어떤 방문자 역시 마찬가지 일을 당했다. 나는 여기서 어떤 사기의 낌새를 느꼈으나, 결국 비밀을 알아내지 못해 분통만 터질 뿐이었다. 나는 그 자리에서 즉시 앙리 브로크에게 전화를 걸었는데, 내가 몇 마디 하자마자 앙리는 내 말을 끊더니 내가 했던 대답을 정확히 맞추었다. 사실인즉 대다수의 프랑스인이 마찬가지의 대답을 한다는 것이었다. 그렇다면 나의 자유의지란 도대체 무엇이란 말인가? 나는 도대체 얼마만큼 사회적 조건의 노예가 되어 있는 것일까?

이런 류의 무의식적 반응들에 대하여 광범위하고도 다양한 지식을 지니고 있는 전문가는 무서운 힘을 가질 수 있다. 또 이 전문가들은 순수 이성만을 추구하는 돈키호테 같은 인간들을 마음대로 농락할 수도 있다. 이 능력을 좋은 목적으로 사용하여 훌륭한 의사, 예술가가 될 수도 있을 것이고, 나쁜 목적으로 사용하여 고약한 돌팔이 의사, 사기꾼이나 대중 선동가가 될 수도 있을 것이다. 이 모든 것이 결국 과학의 이용이라는 문제로 귀결되는 것이다. 왜냐하면 과학이란 물질의 연구에만 국한되지 않고, 좋고 나쁜 방향으로의 인간과 사회에 대한 연구까지 포함하기 때문이다.

"하느님이 그대들에게 좋은 건강, 그리고 그보다 더 훌륭한 양식(良識)을 주시길 기원하오." 이것은 왕으로서의 의무이기 때문에 어쩔 수 없이 부스럼을 치료하기 위해 안수(按手)를 해야만 했던 영국 왕 윌리엄 3세가 했던 말로, 당시 백성들이 신봉하던 원시적 주술 관행에 굴복해야 했던 쓰라린 심정이 잘 표현되어 있다. 똑같이 좋거나, 혹은 똑같이 나쁜 두 가지 대안(代案) 중 하나를 선택해야 함에 있어, 양식에 근거하여 결정하고자 하는 사람들도 마찬가지로 이 말을 할 수 있을 것이다. 프로메테우스의 투쟁은 결코 헛된 것만은 아니었다. 과학의 불꽃은 결코 꺼져서는 안 되는 것이다.

"한밤중, 광대하고도 어두운 숲 가운데 홀로 서 있는 내 수중에 어둠을 밝힐 것이라곤 조그마한 촛불 하나뿐이었다. 그때 어떤 낯선 이가 내게 다가와 말했다. '너의 촛불을 꺼버려라. 그러면 더 잘 보게 될 테니⋯⋯' 이 조그마한 촛불, 이것이 바로 이성이다. 이것은 어쩌면 보잘것없는 도구일지 모르며, 그것 하나만으로는 아무 문제도 해결할 수 없을지도 모른다. 하지만 이 촛불은 우리가 가진 것 중 가장 귀한 것이다."[56]

하지만 우리는 볼테르의 이 말에 약간의 뉘앙스를 첨가하고 싶은 유혹을 느낀다. 볼테르의 말에 결점이 하나 있다면, 그것은 이성의 영역에 속하지 않는 모든 귀중한 것들을 언급하지 않았다는 데 있을 것이다. 우리는 이렇게 말하고 싶다. 만일 당신을 매혹시키는 것이 있다면, 그것을 굳이 피할 까닭은 없다. 만일 습관적으로 하는 대증요법이나 가끔씩 하는 동종요법(同種療法)은 물론, 온천욕, 초월명상, 도교가 당신의 심신의 균형을 위해 필요하다고 느껴진다면, 그때는 당신 자신의 생각을 따르라! 하지만 당신보다 더 교활한 자들에 의해 농락당하지는 말라! 또 한 가지, 오직 바보들만이 절대로 자기 의견을 바꾸지 않는다는 사실도 명심하라.

이성은 좋은 충고자일 수 있다. 하지만 험난한 행군을 떠나기 전에 근육을 단련시켜놓듯이 이성 역시 잘 훈련되어야 할 필요가 있다. 다른 사람들에 의해 미혹되지 않는 방법을 배워라! 이 책의 목적은 당신을 잘 훈련시켜서, 당신으로 하여금 이 세계에서 주체적으로 살 수 있도록 하는 데 있다. 우리의 순진함과 무지를 악용하려드는 사욕에 눈먼 사기꾼들이 득실거리는 이 세계에서 참된 주인으로!

만일 독자 여러분이 수학 방정식만 보면 귀신 만난 듯 오금이 저린다면, 결론만 읽고 이 부록은 건너뛰라고 충고하고 싶다.

반대로, 이런 분야에 호기심이 많다면, 논증을 구성하는 요소들을 한번 찬찬히 들여다보라고 권하겠다. 이것은 여러분이 살아가는 데 있어 매우 유용한 지식이 될 것이다.

동전 던지기와 확률

단 한 번 '던져서' 일어날 수 있는 고정 확률이 p인 사건이, N번 던질 때 k번 일어날 수 있는 확률은 얼마인가?

- 만일 이 사건이 2번 일어날 확률이 p·p, 즉 p^2이라면, 이 사건이 3번 일어날 확률은 p·p·p, 즉 p^3이다. 이렇게 이 사건이 k번 일어날 확률은 p·p·p···p·p(이렇게 k회 계속된다), 즉 p^k이다.

- 하지만 이것은 우리가 전부 N번 던질 때, 성공하지 못하는 나머지 경우에는 필연적으로 실패한다는 걸 의미한다. 따라서 우리는 (N-k)번 실패하게 된다. 여기서 실패할 확률은(q라

고 표기하자) 간단히 1-p이다(왜냐하면 성공, 혹은 실패의 단 두 가지 경우밖에 없기 때문이다. 물론 이 두 종류의 사건의 합은 p+q=1이 된다. 따라서 q=1-p가 된다).

(N-k)번 실패할 확률은 $q \cdot q \cdot q \cdots q \cdot q$ (이렇게 N-k회 동안 계속된다), 즉 q^{N-k}이다.

■ 마지막으로 고려해야 할 것은, 사건은 N회의 전체 시행 중 그 어떤 곳에서도 일어날 수 있다는 사실이다. 따라서 우리는 전체 N회의 시행 중에 일어날 수 있는 k번의 사건이 이번에는 어떠한 방식으로 조합될 수 있는가, 즉 N번의 시행 중 k번의 성공 위치의 가능한 조합의 수를 고려해야 한다. 이 조합의 수를 $_NC_k$라고 할 때 이것을 계산하는 방식은 다음과 같다.

$$_NC_k = \frac{N!}{k!(N-k)!}$$

여기서 숫자 뒤의 !(팩토리얼이라고 읽는다)는 계승(階乘)이라고 하는 것인데, 이것은 그 숫자에서부터 1까지의 모든 수를 차례로 다 곱한 값이다. 예를 들어 4!는 $4 \times 3 \times 2 \times 1$이며, $N! = N \times (N-1) \times \cdots \times 3 \times 2 \times 1$을 의미한다(0!은 약속에 의해 1이다).

자, 요약해보자. N번의 시도 가운데 p라는 일정한 발생 확률을 가진 사건이 k번 일어날 확률은 $P(k) = _NC_k \, p^k \, q^{N-k}$이다.

자, 이제 우리의 문제로 돌아와보자. 동전을 10번 던질 때(여기서 앞면이 나올 확률 p는 1/2이고, 뒷면이 나올 확률 q 역시 1/2일 것이다), 그 가운데 동일한 면이 8번, 9번, 혹은 10번 나올 수 있는 확률을 구하는 계산은 다음과 같다(앞면-F, 뒷면-P).

■ 앞면이 10번 나올 확률

$p(10F) = {}_{10}C_{10}(1/2)^{10} \ (1/2)^0 = (1/2)^{10} = 1/1024$,

즉 1024번 중 1번의 경우

■ 뒷면이 10번 나올 확률

$p(10P) = {}_{10}C_{10}(1/2)^0 \ (1/2)^{10} = (1/2)^{10} = 1/1024$,

즉 1024번 중 1번의 경우

■ 앞면이 9번 나올 확률(즉 뒷면이 1번 나올 확률)

$p(9F) = {}_{10}C_9(1/2)^9 \ (1/2)^1 = 10 \cdot (1/2)^{10} = 10/1024$,

즉 1024번 중 10번의 경우

■ 뒷면이 9번 나올 확률(즉 앞면이 1번 나올 확률)

$p(9P) = {}_{10}C_9(1/2)^1 \ (1/2)^9 = 10 \cdot (1/2)^{10} = 10/1024$,

즉 1024번 중 10번의 경우

■ 앞면이 8번 나올 확률(즉 뒷면이 2번 나올 확률)

$p(8F) = {}_{10}C_8(1/2)^8 \ (1/2)^2 = 45 \cdot (1/2)^{10} = 45/1024$,

즉 1024번 중 45번의 경우

■ 뒷면이 8번 나올 확률(즉 앞면이 2번 나올 확률)

$p(8P) = {}_{10}C_8 \ (1/2)^2 \ (1/2)^8 = 45 \cdot (1/2)^{10} = 45/1024$,

즉 1024번 중 45번의 경우

그러므로 전체 확률은 이 모든 값들을 더한 값, 즉 1024번 중

112번의 경우, 다시 말하면 0.109375, 약 11퍼센트에 해당하는 확률이다. 이 11퍼센트는 우리가 본문에서 이야기한 바 있는 효과의 비밀을 설명해준다. 왜냐하면 이 수치는 동전을 10번 던져서 같은 면이 8번 이상 나올 확률이 10분의 1이나 됨을 의미하기 때문이다!

이는 곧, 만일 1만 명의 사람이 동전을 각각 10번 던진다면, 그 가운데 약 100명은(그렇다! 100명이다!) 같은 면을 적어도 8번 이상 얻게 된다는 뜻이다.

모집단의 구성과 확률

STURP(Shroud of TUrin Research Project), 즉 토리노의 '성 수의' 연구 그룹은 39명의 신자와 1명의 비신자, 총 40명의 회원으로 구성되어 있다. 미국에 존재하는 40명 정원의 수많은 과학 단체 중에서 우연히 선택할 때, 위와 같은 구성이 될 확률은 얼마나 될까?

우리는 앞의 '동전 던지기와 확률' 부분에서 본 바 있는 공식을 사용하여 이것을 계산해낼 수 있다. 따라서 어떤 미국 과학자가 신자일 확률이 얼마인가만 알면 된다. 폴 크루츠(CSICOP 의장)는 1999년, 마스트리히트대학교에서 열렸던 한 국제 학술회의에서 미국 과학자를 대상으로 한 대규모 설문조사 결과, 60퍼센트가 비신자이고 40퍼센트는 신을 믿는다는 사실이 밝혀졌다고 말한 바 있다(이 설문조사는 과학자의 '학문적' 수준이 높을수록 신을 믿는 확률은 더 낮아진다는 것을 보여준다). 따라서 우리가 구하는 확률은 0.4인 셈이다.

STURP과 같은 구성을 보이는 모집단(母集團)을 얻을 확률은 다음과 같다. $p(39) = {_{40}}C_{39} \ (0.4)^{39} \ (0.6)^1 = 7.3 \times 10^{-15}$, 즉 십억×백만분의 일의 확률이다! 참고로, p의 값이 다음과 같이 변할 때 어떤 결과가 나오는지 한번 보기 바란다.

- 만일 p=0.25라면 ➡ $p(39) = 1.0 \times 10^{-22}$, 노 코멘트⋯⋯
- 만일 p=0.50이라면 ➡ $p(39) = 3.6 \times 10^{-11}$, 즉 1천억분의 4 이하의 확률
- 만일 p=0.75라면⋯⋯ 이렇게 p의 확률이 높은 경우라 할지라도, 이런 그룹의 확률은 $p(39) = 1.3 \times 10^{-4}$, 즉 1만분의 1의 확률에 불과하다!

우리는 막연히 과학 기술이 진보할수록 비이성적 사고나 신비 현
상에 대한 믿음은 줄어들 것이라고 생각한다. 과연 그럴까? 몇 년 전
프랑스에 체류하고 있던 역자는 프랑스에서 점성술을 비롯한 각종
신비술(神秘術)이 '사회적 신드롬'을 일으킬 정도로 성행하고 있다
는 기사를 읽은 적이 있다. 역술로 생계를 유지하는 이들의 수가 프
랑스만 해도 수십만 명에 달한다는 것이다.

또 한번은 파리의 대규모 전시장에서 개최된 '의사(擬似)과학 박
람회'란 곳에 가본 적이 있다. 그 유명 전시장은 다채로운 복장을 한
점쟁이, 기공술사, 차력사, 마술사 등 온갖 신비술사들과 관람객들로
인산인해를 이루고 있었다. 볼테르의 나라, 소위 세계 제일의 합리적
이성과 비판정신을 자랑한다는 프랑스에서 어떻게 이런 일이 일어날
수 있는 걸까? 그저 어안이 벙벙할 따름이었다.

그러면 우리는 어떤가? 프랑스보다 더하면 더했지 결코 덜하다곤 할 수 없을 것이다. 문제는 아직도 민간에 깊이 뿌리 내리고 있는 무속 신앙은 물론 요즘 인터넷 공간에서 활발한 점성술, 운세, 궁합, 전생 체험 같은 것에 국한되지 않는다. 사실, 우리 민족처럼 과학적으로 검증되지 않은 각종 건강법, 건강식품, 대체의학을 좋아하는 민족이 또 있을까?

물론 다음과 같은 반론도 충분히 나올 수 있다. 이 모든 것들은 그저 심심풀이, 잠시 미소짓기 위한 여흥거리에 지나지 않는다고……복권을 사는 사람이 당첨 가능성을 백 퍼센트 믿지는 않듯이, 우리가 점쟁이를 찾아가면서도 그들의 점괘를 백 퍼센트 믿는 것은 아니라고…… 또 다람쥐 쳇바퀴 돌듯 반복되는 일상에 그만큼의 여유조차 없다면 어떻게 살아가겠느냐고……

맞는 말이다. 하지만 문제는 이런 심리를 이용하여 자신의 사욕을 채우는 사람들이다. 또한 신비 현상에 대한 지나친 관심과 믿음은, 단순한 심심파적의 정도를 넘어 개인의 판단력을 흐리는 맹신으로까지 발전할 수 있고, 한 사회와 국가, 나아가서는 인류 전체의 존망을 결정할 심각한 해독이 될 수 있다는 점에서 그냥 넘길 일이 아니다.

더 무서운 것은 요즘 들어 이런 신비의 사기꾼들이 학계의 '권위자'들과의 협력하에 그럴싸한 과학적 외관을 뒤집어쓴 채 대중을 미혹하고 있다는 점이다. 그런데다 상업적 이익에 눈먼 미디어들이 과학적으로 전혀 검증되지 않은 신비 현상들을 그럴듯한 어조로 다루는 선정적 프로그램들을 마구 쏟아낼 때, 명철한 비판정신을 지니지 못한 일반 대중은 그야말로 무방비 상태로 농락당할 수밖에 없는 것이다.

그런 만큼 이 책의 목적은 이 시대에 범람하고 있는 각종 신비술에 무방비 상태로 노출된 대중의 비판정신을 보다 튼튼하게 무장시키는 것이다. 그런데 이를 위해 이 책의 저자들이 선택한 방법은 그 얼마나 흥미로운 것이던가!

그 방법이란 다름 아니라, 독자들로 하여금 직접 이 신비의 사기꾼, 즉 '마법사'의 입장이 되어보게 하는 것이다. 그들의 입장이 되어 순진한 사람들을 잠시 미소짓게 하거나, 혹은 치명적인 함정으로 몰아넣는 갖가지 '마법'들을 직접 연출해보게 하는 것이다. 점성술, 공중부양, 염력으로 열쇠 구부리기, 텔레파시로 카드 알아맞추기, 시뻘건 숯 위를 걷기, 등등…… 우리는 이 모든 신비스런 현상들이 꾸며지고 있는 무대의 뒷편을 방문하면서 때로는 트릭의 소박함에 미소 짓기도 하고, 그 교묘함에 놀라기도 한다. 또 조잡하기 그지없는 사기극에 불과한 것들을 지금껏 신비 현상이라고 믿어왔던 우리 자신을 뒤돌아보며 실소를 머금기도 한다. 그러면서 우리는 우리의 막연한 믿음을 조작해내고 있는 '마법사'들이 이 세상에 얼마나 많은가를 깨닫게 되고, 나아가서는 이 세계를 꼭두각시처럼 조종하는 어둠 속 연출자들의 책략과 본질을 자연스레 이해할 수 있게 되는 것이다.

이 책의 공동 저자인 조르주 샤르파크는 노벨물리학상을 수상한 세계적인 석학이며, 앙리 브로크 역시 생물물리학 분야의 권위자이다. 저명한 정통 과학자들이 마치 '아마추어 마술 입문서'와도 같은 이런 대중적인 책을(그러나 사용된 방법론과 어조는 너무나도 엄밀하고 단호하다!) 저술한 것은, 기묘한 비이성적 조류가 위험 수위에까지 이르렀음을 절감했기 때문이다. 일반 대중의 눈높이에 맞춰 논지가 명확한 책을 쓴 두 '순수' 과학자의 노력은, 각자의 전문 영역에만 틀어박혀 사회와 인류라는 보다 큰 문제는 쳐다볼 엄두도 내지 못하는 우리 학자들에게 귀감이 아닐 수 없다.

마지막으로 한 가지 지적할 점은, 그렇다고 해서 저자들이 신비의 존재를 완전히 부정하는 것은 결코 아니라는 사실이다. "우리가 마법사들을 무시한다고? 당치 않은 소리!" 사실 우리가 태어난 이 우주, 이 운명 자체가 하나의 거대한 신비이다. 뉴턴의 말처럼, 지금껏 인류가 이룩한 과학적 업적이라는 것은 바닷가 모래사장에서 예쁜 조개껍질 몇 개 찾아내고 희희낙락하는 어린아이의 모습에 지나지 않을 뿐이다. 또 우리가 밤 하늘에 총총 박힌 별들을 바라보며 느끼는 그 거대한 신비감을 부정해야만 한다면 과학이 대체 무슨 소용이랴…… 하지만 이 신비는 길거리 약장수들의 허무맹랑한 잡술 가운데 있는 것이 아니라 바로 현실 자체 속에 숨어 있다. 그간 대자연은 우리 인간이 상상조차 못했던 경이들을 얼마나 많이 드러내왔던가! 진정한 신비의 탐구자라면, 인간의 나약함을 위로하기 위한 달콤한 거짓 신비에 귀를 기울이기보다는 대자연과 현실의 갈피마다 깃들여 있는 놀랍고도 엄정한 신비, 즉 '진리'라는 이름의 신비를 추구해야 할 것이다. 이 책의 존재 이유 또한 바로 거기에 있다.

자, 우리 모두 마법사가 되어보자! 그리고 과학자가 되어보자!

2002년 11월, 임호경

1 스티그 다게르만Stig Dagerman, 『위로받고 싶은 인간의 욕망은 채울 길 없어라*Notre besoin de consolation est impossible à rassasier*』, Arles, Actes-Sud, 1952, p. 1.

2 레이 하이먼Ray Hyman, 「차가운 독서 : 어떻게 낯선 사람에게 당신이 그에 관해 모든 것을 알고 있다는 확신을 줄 수 있는가Cold reading : how to convince strangers that you know all about them」, 『과학의 신비 현상적 한계 영역*Paranormal Borderlands of Science*』, Buffalo, Prometheus Books, 1981.

3 알랭 퀴니오Alain Cuniot, 『엄청난... 그러나 거짓된!*Incroyable... mais faux!*』, Bordeaux, Horizon Chimérique, 1989. Book-e-book.com에서 재출간되었다.

4 37페이지의 '세차 현상'에 대한 설명을 참조하라.

5 만약 당신의 출생과 관련된 진정한 별자리 기호를 알고 싶다면, 인터넷 사이트 www.book-e-book.com의 '천문학적 별자리표Astronomic Zodiac'를 참고하라. 당신의 별자리는 간단히 말해, 당신이 출생한 순간에 태양이(지구에서 보이는 태양) 천구(天球)에서 점했던 바로 그 위치라고 할 수 있다. 이것은 천문학적으로 매우 엄격하게 계산될 수 있다.

6 춘분과 추분은 지구와 태양을 연결한 선이 지구의 자전축과 직각을 이루는 때이다. 이 때문에 춘분과 추분에는 지구상의 모든 지점에서 밤낮의 길이가 같게 된다.

7 자크 푸스티스Jacques Poustis, 「미친! 그러나 논리적인Fou! mais logique」, 『과학과 의사과학*Science et pseudo-sciences*』(AFIS), nᵒ 243, 2000년 8월호, p. 2-5.

8 장 외젠 로베르-우댕Jean eugéne Robert-Houdin, 『이제야 밝히는 속내 이야기들*Confidences et Révélations*』(1868), Genéve, Slatkine, 1980.

9 월터 깁슨Walter Gibson, 『위대한 마술사들의 비밀*Les Secrets des grands magiciens*』, Strasbourg, Éditions du Spectacle, 1987.

10 이 편지는 멕시코에 거주하는 레미R. H. Remy씨가 1992년 3월 2일, 이 책의 공동 저자 중 한 명인 앙리 브로크에게 보내온 것이다.

11 이 강좌에 대해 알고 싶다면 니스-소피아 앙티폴리스대학이 운영하는 웹 사이트 www.unice.fr/zetetique로 들어가보라.

12 레지널드 스콧Reginald Scot, 『사악한 마술의 발견*The Discoveries of witchcraft*』(1584), New York, Dover, 1972.

13 루이스 존스Lewis Jones, 「레지널드 스콧의 발견The discoveries of Reginald Scott」, 『회의적인 서신들*Skeptical Briefs*』, 제10권, n° 1, 2000년 3월호, p. 13.

14 1930년, 몬터규 서머즈Montague Summers가 『사악한 마술의 발견』의 서문에 쓴 바에 의하면, 토머스 애디Thomas Ady는 자신의 저서 『어둠 속의 촛불*A candle in the dark*』에서 레지널드 스콧과 그의 작품에 대해 자주 언급하고 있다.

15 이 주제에 관심 있는 독자들은 다음의 책을 읽어보기 바란다. 장 외젠 로베르-우댕, 「말하는 목이 잘린 자Décapité parlant」, 『마술과 재미있는 물리학*Magie et physique amusante*』, Book-e-book. com, 2002.

16 특히 『초자연 현상의 본질』에 상세히 언급된 메인 라이드 코우Mayne Reid Coe와 장 외젠 로베르-우댕의 예를 참고하라.

17 보르드V. Borde, 「형상 기억 합금들Les Alliages à mémoire de forme」, 『산업과 기술*Industries et Techniques*』, n° 755, 1994년 12월호, p. 70-73.

18 「괴물들 : 유전자가 더듬거릴 때Monstres : quand les gênes bêgaient」, 『청소년을 위한 과학과 생명*Science et Vie Junior*』, n° 52, 1993년 10월호.

19 이것의 분자식은 FeS₂이다. 여기서 언급되고 있는 것은 스페인 피레네 산맥의 로그로뇨Logroño 지방에서 출토되고 있다.

20 샤를 포르Charles Fort, 「기이한 우연의 일치의 요양소Le sanatorium des coïncidences exagérées」, 『저주받은 자들의 책*Le Livre des Damnés*』, Paris, Deux Rives, 1955. 이 책의 기원은 1919년으로 거슬러 올라간다. 이것 역시 기이한 우연의 일치인지 모르겠으나, 이 책의 머리말은(이 책은 루이 포웰Louis Pauwels이 주관하는 총서의 일환으로 출간되었다) 자크 베르지에 Jacques Bergier가 썼다. 그야말로 얼치기 마술사들의 총집합이라 할 수 있는 것이다.

21 이 책의 부록 '동전 던지기와 확률' 을 참고하라.

22 어빙 랭무어Irving Langmuir, 「병적인 과학Pathological Science」, *CRD*, 『기술적 정보 시리즈 *Technical Information Series*』, 리포트 n° 68-C-035 (13페이지), 1968년 4월호. 1953년 12월 18일, 크놀즈리서치연구소Knolls Research Laboratory에서 발표되었다.

23 앙리 브로크, 「이성을 위한 투쟁Struggle for reason」, 『행동 및 두뇌 과학*Behavioral and Brain Sciences*』, 제10권, n° 4, 1987년, p. 574.

24 여기서 말하려는 것은, 시간이 흐름에 따라 우리로 하여금 결국 달 표면의 60퍼센트를 볼 수 있게 하는 '흔들림' 현상(지구에서 관측된 달이 그 평균 위치를 중심으로 하여 약간씩 주기적인 진동을 하고 있는 듯이 보이는 현상)이다. 이 흔들림 현상은 다음과 같이 구분될 수 있다.

　- 위도상의 흔들림 : 이 현상은 달의 자전축이 지구의 자전축과 평행하지 않다는 사실에 기인한다. 예를 들어 만월시 지구에서 보이는 달의 동일한 극점(極點)은 달과 지구의 상대적인 위치

에 따라 약간 다른 각도로 보인다. 이렇게 하여 달은 남-북 방향으로 흔들리게 된다.

- 경도상의 흔들림 : 이 현상은 달의 공전 궤도의 형태가 약간 타원형이어서, 자전 속도는 항상 일정한 반면 공전 속도는 일정하지 않다는 사실에 기인한다. 그래서 동-서 방향으로 약간의 흔들림이 일어나게 된다.

- 하루 동안에 일어나는 흔들림 : 이 현상은 (지구 내부의 정중앙이 아닌 지구 표면에 위치하기 때문에 지구가 자전함에 따라 달-지구를 잇는 축을 중심으로 이쪽 편에서 저쪽 편으로 이동할 수밖에 없는) 지구의 관측자가 달을 보는 각도는 달이 뜰 때와 저물 때에 각각 달라진다는 사실에 기인한다. 따라서 서-동 방향으로 약간의 흔들림이 일어나게 된다.

25 역사적 측면이나 과학적 측면에서 토리노의 성(聖) 수의에 대해 보다 상세히 다룬 연구를 보려면 다음의 책을 참조하라. 앙리 브로크, 『초자연 현상Le Paranormal』, Paris, Seuil, '프앵-과학 Points-Sciences' 총서, 2001. 이 책은 토리노의 수의가 순전히 16세기 프랑스의 산물일 뿐이라고 결론짓고 있다.

26 코올K. C. Cole이 자신의 논문에서 인용한 것을 재인용하였다. 「계산된 위험들Calculated Risks」, 『스켑티컬 인콰이어러Skeptical Inquirer』, 1998년 9-10월호, p. 32-36.

27 『키드 2000Quid 2000』의 「담배Tabac」 항목을 참조하라.

28 『스켑티컬 인콰이어러』에 실린 켄드릭 프레이저Kendrick Frazier의 글을 참조하라. 제22권, n° 5, 1998년, 9-10월, p. 4.

29 예를 들면 (이 사건을 보도한 미디어의 표현에 의하면) '과학적으로 불가능하다고 알려진 결과들'이 한 미국 물리학자 팀에 의해 얻어졌다. 이들은 체프렌 피라미드에 숨겨진 방들이 존재하는가의 여부를 알아내기 위해 이 피라미드를 통과하는 우주 광선을 측정해 이 결과를 얻어냈던 것이다.

30 이 이야기는 그지없이 흥미로운 자크 푸스티스의 기사(記事)에서 인용한 것이다. 「바다 저편의 추억들Mémoires d'outremer(여기서 바다 저편이란 영국을 의미한다 - 옮긴이)」, 『과학과 의사과학』, n° 243, 2000년 8월, p. 38.

31 외젠 슈브뢸, 「근육 운동의 한 특별한 부류에 관하여 앙페르씨에게 드리는 편지Lettre à M. Ampère sur une classe particulière de mouvements musculaires」, 『양(兩) 세계 잡지 Revue des Deux Mondes』, 두 번째 시리즈, 1833년, p. 258-266. 이 텍스트는 부분적으로 루이 피기에Louis Figuier의 저서에 수록되어 있다. 『과학의 신비-옛날Les Mysteres de la Science. Autrefois』, Paris, La Librairie illustrée, 1887.

32 이 행사를 마련한 니스-소피아 안티폴리스대학 탐구학 연구소의 웹 사이트를 참고하라. (www.unice.fr/zetetique)

33 방사선 탐색가들이 유용하게 사용할 수 있을 이 표는 앙리 브로크와 다비드 브리앙(1998년에서

1999년에 걸쳐 방사선 탐색 문제를 연구한 탐구학과의 한 학생)이 함께 만든 것이다.

34 이 문제에 대해 보다 상세히 알고 싶은 사람은 니스-소피아 앙티폴리스대학 탐구학 연구소의 웹 사이트를 방문해보라. 특히 www.unice.fr/zetetique의 '탐구학 파일들Zetetic-Files' 혹은 '문 헌Documentation'을 참고하면 좋다.

35 페라르G. Pérard, 「아를-쉬르-테크의 석관. 기술적 보고서Sarcophage d'Arles-sur-Tech. Rapport technique」, 『수력발전*La Houille Blanche*』, n° 6, 1961년 12월호, p. 874-881. 이 글 안에는 르보르뉴C. Leborgne가 쓴 「물...숭배L'eau... culte」라는 제목의 작은 글이 서문 격으로 포함되어 있다. 르보르뉴는 같은 잡지 1959년 1-2월호(n° 1)에서 동일한 제목으로 아를-쉬르-테 크 석관의 문제를 다룬 바 있다.

36 『기이한 현상의 과학적 파일들*Dossiers scientifiques de l'étrange*』, Paris, Michel Lafon, 1999.

37 르로이O. Leroy, 「노트와 성찰. 영원한 기적 : 아를-쉬르-테크의 무덤Notes et réflexions. Un prodige permanent : la tombe d'Arles-sur-Tech」, 『지적인 삶*Vie intellectuelle*』, 제10권, n° 43, 1936년, p. 191-196.

38 쉬브노C. R. Cheveneau, 「해안 알프스 리구리아 지방의 공중 우물의 물L'eau dans les castelleras de la Ligurie marinalpine (puits a riens)」, 『알프-마리팀므 군(郡) 선사고고학 학 술원 논문집*Mémoires de l'Institut de préhistoire et d'archéologie des Alpes-Maritimes*』, 제 19권, 1975-1976년, p. 3-16. 우리에게 이 논문의 존재를 알려준 드니 비에트Denis Biette에게 감사하는 바이다.

39 미국 특허 n° 1,816,592 (1931년 7월 28일)

40 데크루아P. Descroix, 「대기 중의 습기 채취La récupération de l'humidité atmosphérique」, 『물*L'Eau*』, 1951년 8월호, p. 127-129. 피에르 데크루아는 이 기사에서 다음과 같이 쓰고 있다. "수분 생산 능력을 여러 측면에서 고찰해본 결과, 우리는 이론적 최대 생산치는 지볼트가 주장한 수치의 5퍼센트를 넘을 수 없다고 단언할 수 있게 되었다."

41 베상스Daniel Beysens(지오다A. Gioda, 카티우신E. Katiouchine, 밀리무크I. Milimouk, 모렐 J.-P. Morel, 니콜라예프V. Nikolayev의 협조), 「이슬 우물, 재건(再建)한 꿈Les puits de rosée, un rêve remis à flot」, 『라 르셰르쉬*La Recherche*』, 1966년 5월호.

42 베상스, 뮈젤리M. Muselli, 페라리J.-P. Ferrari, 융카A. Junca, 「아를-쉬르-테크 석관 내의 물 의 산출Water production in an ancient sarcophagus at Arles-sur-Tech(France)」, 《대기 연 구Atmospheric Research》, 57호, 2001년, p. 201-212.

43 이 글은 이 논문의 요약문 전체를 번역한 것이고 밑줄은 역자들이 그은 것이다. 아래에 오는 글은 베장스 등이 발표한 원래 텍스트를 번역한 것이다.

44 이 글은 부분적으로는 조르주 샤르파크와 리처드 L. 가윈Richard L. Garwin의 글의 발췌문으로 이루어져 있다. 『도깨비불과 핵 버섯구름*Feux follets et champignons nuclé aires*』, Paris, Odile Jacob, 1997, p. 142-147.

45 하지만 1987년, 물리학자들은 그들이 몇몇 동굴들 속에 설치한 거대한 탐지기에 많은 양의 중성입자가 포착되는 것을 발견했다. 이것은 당시 어떤 초신성(超新星)이 지구에서 15만 광년 떨어진 곳에서 폭발하면서 엄청난 양의 중성입자들을 방출했기 때문이다.

46 즉 이것은 1에 28개의 0을 붙인 숫자이다.

47 조르주 샤르파크, 리처드 가윈, 『도깨비불과 핵 버섯구름』, Paris, Odile Jacob, 1997.

48 2001년 6월 19일, 조르주 샤르파크와 리처드 가윈이 의학 학술원에 제출한 보고문에서 발췌한 것. 『국립 의학학술원 회보*Bulletin de l'Académie nationale de médecine*』, 185호, n° 6, 1087-1096.

49 엘리자베스 테시에의 박사 논문에 대한 자세한 분석은 니스-소피아 앙티폴리스대학 웹 사이트에 올라와 있다. www.unice.fr/zetetique/articles/articles.html

50 아래의 책을 참고하라. 『과학과 의사과학』(AFIS), n° 246, 2001년 4월, p. 2-12.

51 다니엘 보이Daniel Boy, 기 미슐라Guy Michelat, 「의사과학에 대한 믿음 ; 사회적, 문화적 차원 Croyances aux parasciences ; dimensions sociales et culturelles」, 『프랑스 사회학 리뷰 *Revue Française de Sociologie*』, XXVII권, 1986년 4-6월호, p. 175-204.

52 2000년도 우체부 연감(年鑑)을 참고할 것. 2000년도 우체국 달력은 카르티에-브레송J. Cartier-Bresson이 제작했다.

53 2001년 3월 24일자 『니스-마탱*Nice-Matin*』을 참조하라.

54 마거릿 폭스 케인의 고백 전체 텍스트는 다음의 책에 수록되어 있다. 앙리 브로크, 『초자연 현상의 본질』, Book-e-book, 2002.

55 레오니드 플리우크치Leonid Pliouchtch, 『역사의 사육제 한가운데서*Dans le carnaval de l'histoire*』, Paris, Seuil, 1977.

56 이것은 볼테르와 관련된 우화(寓話)이다. 노르망 베야르종Normand Baillargeon , 『촛불의 약한 불빛*La Lueur d'une bougie*』, Montréal, Fides, 2001.